KB149413

유기화학 실험

조봉래 지음

교문사

Preface

머리말

과학의 발전으로 인해 사람의 평균 수명이 이전보다 연장되었다. 평균 수명의 연장에 크게 기여한 분야는 화학이며 그 중에서도 새로운 항암제와 항생제를 합성해 내는 유기화학 분야라고 생각한다. 이 화합물들의 효능을 개선하고 기존에 존재하지 않았던 새로운 화합물의 개발을 위해 유기화학 분야는 꾸준하게 발전해 왔다. 유기화학은 이론과 실험이 병행해서 발전해야 하는 학문이므로 실험의 중요성을 등한시할 수 없다. 특히 실험 지식과 합성 기술을 습득하는 것이 중요하다.

이 책에 나오는 화합물들의 명명은 대한화학회에서 출판한 《유기화합물 명명법》을 기초로 하였다. 책의 앞부분에서는 유기화학 실험을 하기에 앞서 알아야 할 것들과 실험보고서 작성 및 유기실험의 간단한 조작 등을 소개하였다. 매 장에 소개된 각 실험 과정에서 반응의 메커니즘과 함께 이론적인 배경을 개요에서 간략하게 설명함으로써 실험에 대한 이해를 높이려 하였다. 각 실험 간의 연관성을 높이기 위해 이전 반응에서 얻은 생성물을 다음 반응의 반응물로 사용하도록 구성하였다. 그리고 유기화학 반응을 생화학에 적용하는 실험을 삽입하여 생유기화학이라는 융합학문 발전에 기여하는 장도 첨가하였다.

이 한 권의 책으로 유기화학 실험의 전반적인 내용을 다 포함하는 것은 불가능하지만 저자는 독자들이 이 책으로 유기화학 실험에 대한 이해의 폭을 넓히고 기초를 다지는 소기의 목적을 달성할 수 있다면 큰 보람이 되겠다. 오류를 줄이려고 노력을 했지만 수정할 사항이 생길 것으로 생각되며 이에 여러분들의 많은 지도편달을 기대한다.

끝으로 이 책의 출간을 맡아 수고해주신 교문사 출판사 사장님과 편집부 여러분들에게 감사의 마음을 전한다.

2020년 9월

조봉래

Contents

차례

3장 유기 반응 및 실험

ORGANIC CHEMISTRY EXPERIMENT

1

서론

유기화학 실험에서는 일반화학에서 사용하지 않는 많은 실험 기구들을 사용한다. 또한, 반응 순서와 장치들이 복잡하여 처음 접한 학생들은 이를 어렵게 느껴 실험 기구들을 제대로 사용하지 못해 올바른 실험을 하지 못 하는 경우가 있다. 따라서 실험 과정에 첨가되는 시약의 양과 순서를 알기 쉽게 명확하게 설명할 필요가 있고, 반응생성물의 분리 등과 같은 과정도 일목요연하게 설명할 필요가 있다.

1-1. 유기화학 실험에 앞서 알아야 할 내용

1) 실험하기에 앞서 실험대 위를 정리 정돈하고 실험 기구들을 점검하는 등 안전상에 유의한다.
2) 실험의 내용을 잘 숙지하고 난 뒤에 실험하고 단독 실험을 피하고 가능한 두 명 이상이 함께 실험하여 만약에 있을지도 모를 사고에 미리 대비한다.
3) 무리하게 힘을 줘서 실험하지 않도록 한다.
4) 반응 중에 일어나는 변화 과정들을 잘 관찰해서 실험 결과 보고서 작성 시에 토론으로 작성한다.

1-2. 실험보고서 작성

실험보고서 작성에 필요한 항목들은 다음과 같다.

1) 실험 제목
2) 실험 연월일과 제출 연월일
3) 공동 실험자 이름
4) 실험 개요
5) 실험 방법 (시약, 기구, 장치 및 조건)
6) 실험 결과 및 고찰
7) 기타(참고문헌)

ORGANIC
CHEMISTRY
EXPERIMENT

실험 준비

유기실험에서는 반응 속도를 빨리 진행하기 위해서 가열하거나 교반하기도 하고 반응 속도를 조절하기 위해 종종 냉각시키기도 한다. 그리고 합성한 생성물을 분리 정제하기도 한다.
실험이 진행되면 실험 기구를 다시 고치는 것이 어렵다. 따라서 처음부터 적절한 실험 기구를 사용하고 실험 장치에서 새는 곳이 없는지 등을 확인하면서 세심하게 실험 준비를 해야 한다.

2-1. 가열

반응 속도를 증가시키기 위한 가열은 유기실험에서 기본 조작으로 가열 중 용액이 끓어 넘치는 것을 방지하기 위해 반드시 비등석을 넣고 가열한다. 첨가하는 비등석의 개수는 2-3개가 충분하다. 비등석 넣는 것을 잊은 때는 반응 용기를 식힌 후에 넣는다. 뜨거운 용액에 비등석을 넣으면 용액이 급격하게 끓어 넘칠 위험이 있으므로 조심해야 한다. 비등석은 재활용하지 않는다.

2-1-1. 직화에 의한 가열

직접 불을 접촉해서 가열할 경우이고 이때는 석면망을 사용한다. 빠르게 고온을 얻을 수 있는 장점이 있지만 온도를 일정하게 유지하기 어려운 단점이 있다.

2-1-2. 물중탕에 의한 가열

가장 널리 사용되는 것으로 온도를 일정하게 유지할 수 있는 장점이 있고 용기를 골고루 가열할 수 있다.
끓는 물의 온도는 100 ℃이지만 담근 용기의 용액은 100 ℃가 아니고 90 ℃ 정도의 온도를 가진다.
무기염의 포화용액은 물의 끓는점인 100℃보다 높은 끓는점을 얻을 수 있다.

$NaCl$	108 ℃
$NaNO_3$	120 ℃
$CaCl_2$	180 ℃
$ZnCl_2$	300 ℃

2-1-3. 기름중탕에 의한 가열

물중탕처럼 용기에 면실유나 대두유 등을 넣으면 250 ℃까지 정도의 온도를 얻을 수 있고 글리세린이나 파라핀을 사용하면 200 ℃까지 정도의 온도를 얻을 수 있다. 실리콘유를 사용하면 300 ℃까지 사용할 수 있다.

주의할 점

• 용기에 물이 들어가면 튈 위험성이 있으므로 용기는 말려서 사용한다.
• 불이 붙을 위험이 있으므로 용기 위로 불꽃이 올라오지 않도록 주의한다.
• 300 ℃ 이상에서는 불이 붙을 수 있으므로 온도는 250 ℃ 정도까지 유지한다.
• 가열이 끝난 후 반응 용기를 들어 올려 용기에 묻은 기름을 떨어뜨리고 나서 휴지로 닦는다.

2-1-4. 모래중탕에 의한 가열

취급이 간편하여 널리 사용한다. 고온으로 가열할 수 있지만 균일하게 가열하거나 온도 조절이 쉽지 않은 게 단점이다.

2-1-5. 맨틀 히터에 의한 가열

내부에 유리 섬유와 니크롬선을 균일하게 넣은 맨틀 히터는 인화성의 물질을 취급할 때 안전하게 사용할 수 있고 온도를 균일하게 조절할 수 있으며 열효율도 우수하다. 반응 용기의 크기에 따라 적당한 맨틀 히터를 사용하면 된다.

2-2. 환류

유기 반응에서 장시간 가열해야 하는 경우 반응 용매가 증발하여 없어지지 않도록 증발한 용매를 냉각기로 응축시켜 다시 반응 용기로 되돌아오도록 하는 현상을 환류(reflux)라 한다. 이렇게 함으로써 용매의 손실 없이 반응 온도를 일정하게 유지할 수 있다. 이 목적에 사용되는 냉각기를 환류냉각기라 하고 증류 냉각기와는 그 모양이 다르다.

2-3. 여과

고체와 액체의 혼합물에서 고체를 분리할 수 있는 기술이 여과(filtration)이다. 여과하는 시간을 단축하기 위해 대기압보다 낮은 압력에서 이루어지는데 이것을 감압 여과(vacuum filtration)라 한다. 감압 여과 시에는 Büchner 깔때기, 여과 플라스크와 압력을 낮추는데 사용하는 아스피레이터(aspirator, 혹은 진공펌프(vacuum pump)) 등의 기구가 필요하다. 여과지의 크기는 깔때기의 구멍을 다 덮을 수 있으면서 깔때기의 면적보다 조금 작은 것을 사용하는 것이 좋다.

2-4. 재결정

불순물을 함유한 유기화합물을 적당한 용매에 가열하면서 녹이고 이때 녹지 않은 불순물은 여과해서 제거한 후 여과액을 식히면 유기분자들의 규칙적인 배열에 의해 결정이 석출되는데 이 과정을 재결정(recrystallization)이라 한다. 유기화합물의 정제법으로 가장 빠르고 저렴하면서 유효한 방법이다.
재결정은 다음의 일곱 단계로 구성된다.

1) 적당한 용매를 선택한다.
- 재결정에 사용할 용매는 끓는점 부근에서 정제하려는 물질을 많이 용해하고 냉각 시에는 용해도가 낮은 것이어야 한다. 즉 온도에 따라 용해도의 차이가 커야 한다.
- 불순물들은 용해하지 말아야 한다.
- 정제하려는 물질과 반응하지 말아야 한다.

2) 최소량의 용매로 고체를 가열하여 녹인다.
3) 용해되지 않은 불순물을 여과한다.
4) 냉각시키면서 결정을 얻는다.
5) 석출된 결정을 여과한다.
6) 소량의 차가운 용매로 씻어준다.
7) 건조한다.

2-5. 건조

물질에서 수분을 제거하는 과정을 건조라 한다. 액체를 건조할 때 사용하는 건조제는 용매 또는 생성물과 반응하지 말아야 한다. 따라서 적절한 건조제를 선택해서 소량을 가하여 마개를 막고 방치하여 건조한다.

표 **1** 사용 가능한 건조제 분류

건조제	적용 가능 화합물
염화칼슘	탄화수소, 할로젠 화합물
황산 소듐	알코올, 유기산, 할로젠 화합물, 알데하이드, 케톤
황산 마그네슘	알코올, 유기산, 할로젠 화합물, 알데하이드, 케톤
수산화 소듐, 수산화 포타슘	아민류의 유기 염기

2-6. 녹는점 측정

녹는점(melting point)은 화합물 고유의 값이므로 녹는점을 측정함으로써 화합물을 확인하고 그 화합물의 순도를 알 수 있다. 순수한 화합물의 녹는점은 좁은 범위의 온도 값을 가진다. 만약 소량의 불순물을 함유하면 총괄성의 하나인 녹는점 내림에 의해 녹는점이 내려가고 녹는점의 범위가 커지게 된다. 녹는점 측정을 위해 먼저 모세관을 시료로 채운 후 모세관과 온도계를 녹는점 측정관에 넣고 버너로 서서히 가열하면서 시료가 녹는 온도를 읽으면 된다. 요즘은 녹는점을 측정하는 자동화된 기구들이 많이 나와 있으므로 녹는점을 쉽게 측정할 수 있다.

2-7. 추출

혼합물로부터 서로 섞이지 않는 두 용매 사이에서 용해되는 정도가 다른 정도를 이용하여 물질을 분리 정제하는 과정을 추출(extraction)이라 한다. 혼합물은 액체 혹은 고체일 수도 있다. 용액으로부터 추출 시에는 분별 깔때기(separating funnel)가 사용된다.

분별 깔때기 사용법

추출하려는 용액으로 분별 깔때기의 절반 정도가 되게 채운다. 용매를 분별 깔때기의 4/5 정도가 넘지 않도록 첨가한다. 한 손으로 상부 마개를 그리고 다른 손으로 하부 코크를 잡고 상하좌우로 격렬하게 흔들어준다. 분별 깔때기를 뒤집어 코크를 열고 기체를 빼고 다시 잠근다. 다시 한 번 격렬하게 흔들어 준 뒤 분별 깔때기를 뒤집어 코크를 열고 기체를 빼고 다시 잠근다. 거치대에 분별 깔때기를 놓고 상부의 마개를 열어 둔 채로 방치하여 층을 분리한다.

2-8. 염석

유기화합물의 물에 대한 용해도는 NaCl과 같은 무기염으로 포화시키면 현저하게 감소하는데 이러한 현상을 염석(salting out)이라 한다. 이 효과를 이용하면 수용액 층에 용해된 유기물질을 분리 석출할 수 있다.

2-9. 증류

액체 혼합물을 가열하여 기체를 만든 후 다시 응축하여 순수한 액체를 얻는 과정, 즉 각 성분의 증기압 차이를 이용하여 순수한 액체를 분리 정제하는 과정을 증류(distillation)라 한다. 유기화학 실험에서 주로 사용하는 증류법에는 단순 증류(simple distillation), 분별 증류(fractional distillation), 진공 증류(vacuum distillation)와 증기 증류(steam distillation) 등이 있다.

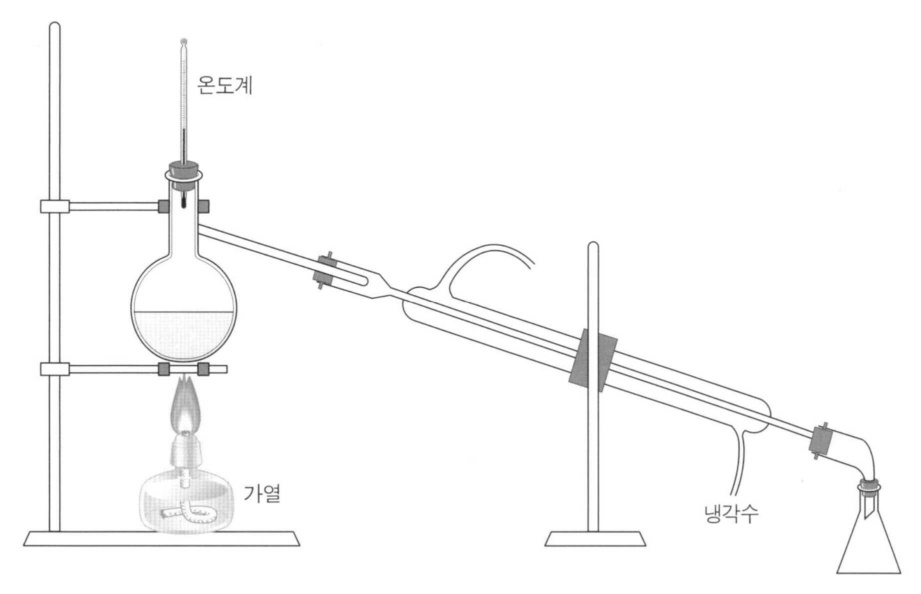

단순 증류 장치

ORGANIC CHEMISTRY EXPERIMENT 3

유기 반응 및 실험

실험 1. 나이트로벤젠의 합성(나이트로화 반응)

1. 개요

벤젠 고리에 나이트로기를 도입하는 반응이 나이트로화 반응(nitration)이다. 나이트로기는 NH_2기로 환원될 수 있으므로 나이트로화 반응은 효용 가치가 높다.

$$C_6H_6 \xrightarrow[H_2SO_4]{HNO_3} C_6H_5NO_2$$

bezene
mw 78.1
bp 80.1 ℃
mp 5.5 ℃
d 0.879

nitrobenzene
mw 123.1
bp 210.9 ℃
mp 5.7 ℃
d 1.204

반응식

나이트로화 반응에 필요한 친전자체인 나이트로늄 이온($^+NO_2$)이 만들어지기 위해서 강한 산이 필요하다. 나이트로늄 이온은 질산에 양성자가 첨가된 후에 탈수가 되면서 만들어진다.

$$HO\text{-}NO_2 + H\text{-}OSO_3H \longrightarrow H_2O^+\text{-}NO_2 + HSO_4^- \longrightarrow H_2O + {}^+NO_2$$

$$C_6H_6 + {}^+NO_2 \longrightarrow [C_6H_6NO_2]^+ \xrightarrow{HSO_4^-} C_6H_5NO_2 + H_2SO_4$$

공명구조 가능(+2)
메커니즘

2. 방법

기구 메스실린더(100 ml), 분별 깔때기(300 ml) 1, 비커(100 ml, 200 ml) 4
삼각 플라스크(100 ml, 200 ml) 3, 시험관, 유리 막대, 시계접시, 비중계(1.000–2.000)
단순 증류 장치

시약 벤젠 56.8 ml(50 g), 질산, 황산, 염화칼슘, 탄산 소듐
유산지(weighing paper), pH 시험지

1) 38.0 ml의 진한 질산(80 %)을 200 ml의 비커에 넣고 58.8 ml의 진한 황산(91 %)을 조금씩 서서히 가한다. 흐르는 물로 비커를 20 ℃ 정도로 냉각시킨다. 이 혼합액을 분별 깔때기에 옮긴다.
2) 50 g(56.8 ml)의 벤젠을 500 ml의 둥근바닥 플라스크에 넣고 흐르는 물로 20 ℃ 정도로 냉각시킨다. 여기에 분별 깔때기의 혼합액을 한 방울씩 첨가한다. 발생하는 열을 흐르는 물로 냉각시키면서 잘 섞어준다. 벤젠은 극성인 물과 잘 섞이지 않기 때문에 방치하면 층 분리가 일어난다. 따라서 세게 교반해 줌으로써 벤젠과 산의 접촉 면적을 크게 해서 반응을 촉진할 필요가 있다.
3) 반응장치를 조립한다. 유리관은 벤젠 증기를 불로부터 멀리하는 환류용으로 사용한다.
4) 60–70 ℃에서 30분 동안 가열하여 반응시킨다. 때때로 흔들어 준다. 80 ℃ 이상으로 가열하면 벤젠이 열분해하거나 폭발성의 다이나이트로벤젠이나 트라이나이트로벤젠 등이 생성될 수 있으므로 주의한다.
5) 유리 막대를 사용하여 플라스크 내의 반응물 한 방울을 증류수가 들어있는 시험관에 떨어뜨려 본다. 벤젠의 밀도는 0.88이고 나이트로벤젠의 밀도는 1.20이므로 물속에 침전되면 반응이 완결된 것이기 때문에 가열을 중지하고 20 ℃ 정도로 냉각시킨다. 만약 물속에 침전이 일어나지 않으면 60 ℃에서 10분 동안 더 가열하고 침전되는지 다시 확인한다.
6) 반응물을 분별 깔때기에 옮긴 후 용기의 공기구멍을 막고 잘 흔들어 준 뒤 방치하면 밀도가 1.2인 나이트로벤젠이 상층에 오고 밀도가 약 1.7인 산 혼합물이 아래층으로 층 분리가 일어난다.
7) 아래층의 산 혼합물은 폐액 통에 버리고 상층 액에 100 ml의 증류수를 첨가하고 공기구멍을 막고 잘 흔들어 준 뒤 방치하여 층 분리를 시킨다. 밀도가 1.0인 세척에 사용한 물은 상층에 위치하고 나이트로벤젠은 아래층에 위치하게 된다.
8) 상층 액 물은 버리고 아래층의 나이트로벤젠을 비커에 받아서 다시 분별 깔때기에 옮긴다. 30 ml의 5 % Na_2CO_3 용액을 넣고 마개를 닫고 잘 흔들어서 섞은 후 방치하여 층 분리를 시킨다.
9) 상층 액은 폐액 통에 버리고 아래층의 나이트로벤젠은 비커에 받은 후 다시 분별 깔때기에 옮긴다. 증류수를 첨가하고 공기구멍을 막고 잘 흔든 후 방치하여 층 분리가 일어나도록 한다.
10) 상층의 물은 버리고 수분을 함유한 유백색의 혼탁한 상태의 아래층의 나이트로벤젠은 100 ml 삼각 플라스크에 옮긴다.
11) 1 g의 무수 염화칼슘($CaCl_2$)을 첨가한 후 투명하게 되면 이 상태로 다음 증류 과정을 위해 코르크 마개로 막고 보관한다. 만약 투명하지 않으면 투명해질 때까지 온도를 올려준다.

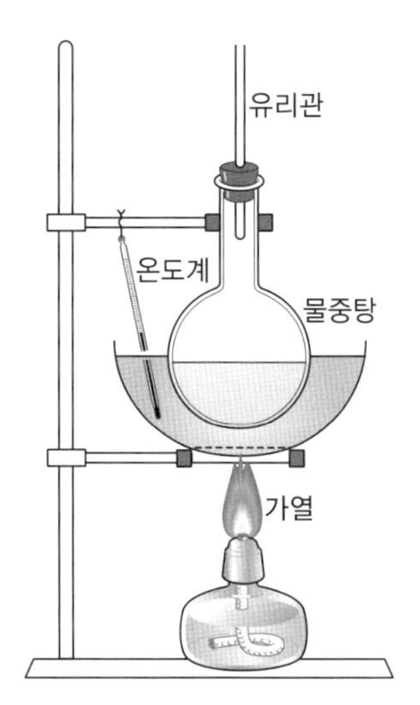

그림 **1.1** 나이트로화 반응장치

12) 주름 잡은 여과지를 설치한 깔때기를, 가진 달린 플라스크에 장치한 후 보관한 반응물을 부어서 고체를 여과시킨다. 여과된 고체와 여과지는 지정된 용기에 버리고 나이트로벤젠 용액을 포집한 가지 달린 플라스크에 비등석을 넣고 단순 증류 장치에 조립한다. 이때 가지 달린 플라스크의 가지 끝은 코르크 마개를 지나 공기냉각관 안으로 2 cm 이상 끼우도록 한다.
13) 100 ℃까지 가열하면 반응하지 않은 벤젠과 수분 등이 유출되고 100 ℃를 지나면 온도가 곧바로 상승하기 때문에 110 ℃에서 수집기의 삼각 플라스크를 교체하여 유출액을 모은다. 처음 수집기 플라스크에 모은 액은 폐액 통에 버린다.(205-207 ℃에서 기름 성분이 모이게 된다.)
14) 부산물로 생성되는 다이나이트로벤젠과 트라이나이트로벤젠의 농도가 증가하면 폭발의 위험이 있으므로 둥근바닥 플라스크 내의 용액 부피가 2-3 ml로 되면 증류를 종료한다.
15) 유출액 1방울에 1 ml의 증류수, 1 ml의 빙초산과 소량의 아연 분말을 넣고 1분간 가열 한 후 5 ml의 증류수와 NaOH 수용액을 더하여 알칼리성으로 만든다. 이 용액 몇 방울을 차아염소산소듐(NaClO) 용액에 떨어뜨려서 일시적으로 적자색이 나타나면 나이트로벤젠이 만들어진 것이다.
16) 나이트로벤젠의 무게를 측정하고 수득률을 계산한다.

실험보고서

제목 :

실험 연월일 :

제출 연월일 :

성명 :

학번 :

실험조 :

공동 실험자 이름 :

실험 개요 :

실험 방법 :
(시약, 기구, 장치 및 조건)

실험 결과 및 고찰 :

기타(참고문헌) :

실험 2. 아닐린의 합성(환원 반응)

1. 개요

나이트로벤젠은 팔라듐(Pd−C) 촉매 하에서 H_2와 반응시키거나 금속(Fe 또는 Sn)과 함께 HCl과 같은 센산 등을 사용하는 환원 반응으로 아닐린으로 바뀐다. 본 실험에서는 철과 염산을 사용한 환원 반응으로 나이트로벤젠으로부터 아닐린을 합성한다.

$$C_6H_5NO_2 \xrightarrow{\text{Fe, HCl}} C_6H_5NH_2$$

nitrobenzene	aniline
mw 123.1	mw 93.1
bp 210.9 ℃	bp 184.6 ℃
mp 5.7 ℃	mp −6.0 ℃
d 1.204	d 1.022

반응식

아닐린 합성 반응은 환원 반응이고 실험 시간은 대략 6시간 정도 소요되며 수율은 90 % 정도이다.

2. 방법

기구 메스실린더(100 ml) 1, 분별 깔때기, 비커(200 ml) 2, 삼각 플라스크(100 ml, 200 ml) 2, 유리 막대, 시계접시, 수증기 발생장치, 단순 증류 장치

시약 나이트로벤젠 18.5 ml(22 g), 철 25 g, 염산, 무수 탄산 소듐, 벤젠, pH 시험지

1) 300 ml의 둥근 바닥 플라스크에 18.5 ml(22 g)의 나이트로벤젠을 넣고 여기에 25 g의 철을 첨가한 후 잘 흔들어 준다.
2) 20 ml의 염산(1:1)을 소량(약 4 ml)씩 가하면서 잘 흔들어 준다. 염산을 가하면 발열하여 온도가 급상승할 수 있으므로 주의하면서 소량씩 가한다.
3) 액체의 온도가 50−70 ℃이면(만약 그 이상의 온도이면 흐르는 물에 냉각시킨다) 남아 있는 묽은 염산을 모두 가하고 60 cm 정도의 환류 냉각용 유리관을 연결한다.

안전 유리관은 수증기를 발생하는 플라스크의 안전밸브와 내부 압력 조정을 위한 게이지 역할을 하므로 안전을 위해 필요하다.

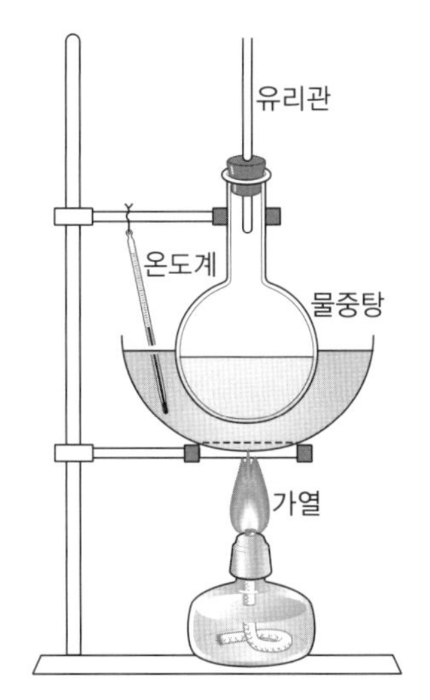

그림 **2.1** 환원 반응장치

4) 때때로 흔들어 주면서 70 ℃에서 약 1시간 동안 가열한다.
5) 반응 용액 한 방울을 묽은 염산 용액에 떨어뜨려서 완전히 용해되면 아닐린이 생성된 것이므로 가열을 종료한다.(반응하지 않은 나이트로벤젠은 불용성이기 때문에 물에 침강한다) 완전히 용해가 일어나지 않으면 70 ℃에서 10분 동안 더 가열한다.
6) 20 ml의 증류수와 6 g의 무수 탄산 소듐(Na_2CO_3)을 넣고 잘 흔들어 준 뒤 반응 용액 한 방울을 pH 시험지에 떨어뜨려서 강알칼리성인지 확인한다. 만약 알칼리성이 아니면 1 g의 무수 탄산 소듐(Na_2CO_3)을 더 넣어준다.
7) 반응 플라스크를 수증기 발생장치에 조립하여 수증기 증류를 시작한다. 증류 후 플라스크 내의 잔액은 폐액 통에 버리고 유출액은 삼각 플라스크에 모은 후 상온까지 냉각시킨다.
8) 유출액의 부피를 측정하고 유출액 1 ml당 0.2 g의 비율로 NaCl을 넣고 완전히 녹인다.
9) 분별 깔때기에 옮긴 후 30 ml의 벤젠을 첨가하고 내부 압력에 유의하면서 잘 흔들어 준 뒤 방치한다.
10) 공기구멍을 열어 아래층의 식염수는 버리고 아닐린과 벤젠을 함유한 상층 액을 삼각 플라스크에 모은 후 1−2 g의 무수 황산 소듐(Na_2SO_4)을 첨가하여 건조시킨다.
11) 주름 잡은 여과지를 설치한 깔때기를, 가진 달린 플라스크에 장치한 후 보관한 반응물을 부어서 고체를 여과시킨다. 여과된 고체와 여과지는 지정된 용기에 버리고 아닐린 용액을 포집한 가지 달린 플라스크에 비등석을 넣고 단순 증류 장치에 조립한다. 이때 가지 달린 플라스크의 가지 끝은 코르크 마개를 지나 공기냉각관 안으로 2 cm 이상 끼우도록 한다.
12) 110 ℃ 이상이 되면 수집기의 삼각 플라스크를 교체하여 유출액을 모은다. 처음 수집기 플라스크에 모은 액은 폐액 통에 버린다.(180−185 ℃에서 기름 성분이 모이게 된다)
13) 180 ℃ 이상으로 온도가 올라가면 증류를 종료하고 아닐린을 확인한다.

① 브로민화 반응

5 ml의 묽은 염산을 시험관에 넣고 2-3 방울의 아닐린을 첨가하여 용해시킨다. 여기에 소량의 브로민수를 가하면 백색의 침전이 생긴다.(2, 4, 6 – tribromoaniline의 녹는점은 116 ℃이다)

② 1 ml의 표백분 수용액($Ca(ClO)_2$) 상등액을 시험관에 넣고 한 방울의 아닐린을 첨가하여 산화시키면 청자색으로 바뀐다. 일부를 물로 희석하고 1-2방울의 황산암모늄($(NH_4)2SO_4$) 용액을 첨가하면 적자색으로 변한다.

14) 아닐린의 무게를 측정하고 수득률을 계산한다.

실험보고서

제목 :

실험 연월일 :

제출 연월일 :

성명 :

학번 :

실험조 :

공동 실험자 이름 :

실험 개요 :

실험 방법 :
(시약, 기구, 장치 및 조건)

실험 결과 및 고찰 :

기타(참고문헌) :

실험 3. 설파닐산의 합성(설폰화 반응)

1. 개요

설폰화 반응은 삼산화황(SO_3)에 양성자가 첨가되어 생성되는 $^{+}SO_3H$의 친전자체에 의한 친전자성 치환반응이다. 아닐린(녹는점 −6.0 ℃)에 황산을 가하면 고체상 물질인 황산 아닐린(녹는점 169 ℃)이 만들어지고 이것이 185 ℃ 이상이 되면 탈수 반응이 일어나 설파닐산으로 된다. 아닐린을 설폰화하면 아미노기에 파라 위치에서 설폰산 기가 도입된다.

NH_2 — $\xrightarrow[H_2SO_4]{SO_3}$ H_2N — — SO_3H

aniline
mw 93.1
bp 184.6 ℃
mp −6.0 ℃
d 1.022

sulfanilic acid
mw 173.2
mp 280 ℃

반응식

$O=S(=O)=O$ + $H-OSO_3H$ ⟶ $O=S^{+}(=O)-\ddot{O}-H$ + HSO_4^{-}

$= {}^{+}SO_3H$

메커니즘

설폰화 반응의 실험 시간은 대략 6시간 정도 소요되며 수율은 80 % 정도이다.

2. 방법

기구 비커(100 ml, 300 ml), 삼각 플라스크(100 ml), 유리 막대, 온도계, 증발접시, 감압여과장치

시약 아닐린 4.0 ml(4.0 g), 진한 황산 6.0 g(3.3 ml), 10 % NaOH 용액, 6N 염산(HCl), 활성탄 1 g
여과지, pH 시험지

1) 4.0 g(4.0 ml)의 아닐린을 증발접시에 넣고 6.0 g(3.3 ml)의 진한 황산을 한 방울씩 가하면서 유리막대로 잘 저어준다.
2) 100 ml의 삼각 플라스크에 옮긴 후 용기 벽에 골고루 부착, 분포되도록 잘 섞어준다.

3) 185–190 ℃의 반응 온도를 유지하기 위해 플라스크를 195–200 ℃로 기름중탕으로 가열한다.(온도가 떨어지면 황산 아닐린이 굳어져서 술파닐산이 만들어지지 않기 때문에 주의한다. 교반하지 않는다.)
4) 녹았다가 다시 고형화하면 온도를 유지하면서 30분간 더 가열한 후 상온까지 냉각시킨다.
5) 10 % NaOH를 소량씩 가하면서 설파닐산을 Na 염으로 만들어서 완전히 용해시킨다.
6) 일부 아닐린이 산화 중합 반응으로 유색 화합물을 생성할 수 있으므로 착색이 있으면 1 g의 활성탄을 넣어서 가열시키고 냉각시킨 후 감압 여과한다. 여과된 활성탄은 폐액 통에 버리고 여과액을 100 ml의 비커에 받는다.
7) 비커의 온도를 올리고 6N HCl을 소량씩 가하면서 산성으로 만든 후 얼음으로 냉각시킨다.
8) 감압 여과한 후 여과액은 폐액 통에 버리고 백색의 결정인 설파닐산은 여과지에 싸서 건조한다. 무게를 측정하여 수득률을 계산한다.

설파닐산의 용해도(g/100g H_2O)

온도(℃)	0	10	20	30	60	80	100
용해도	0.64	0.83	1.07	1.47	3.01	4.32	6.26

실험보고서

제목 :

실험 연월일 :

제출 연월일 :

성명 :

학번 :

실험조 :

공동 실험자 이름 :

실험 개요 :

실험 방법 :
(시약, 기구, 장치 및 조건)

실험 결과 및 고찰 :

기타(참고문헌) :

실험 4. 오렌지 II의 합성(다이아조화 반응과 짝지음 반응)

1. 개요

설파닐산(sulfanilic acid)에 탄산 소듐(sodium carbonate)을 가하여 수용성의 설파닐산 소듐염을 만든다. 여기에 아질산 소듐($NaNO_2$)과 진한 염산 용액을 가하여 다이아조늄염을 만든다. 이것을 알칼리성 용액에서 β－나프톨과 반응시켜 orange II (naphthalene orange G)를 합성한다.

H_2N — — SO_3H + OH ⟶ OH — N=N — — SO_3Na

sulfanilic acid	β－naphthol	orange II
mw 173.2	mw 144.2	mw 250.3
mp 280 ℃	bp 286－288 ℃	
	mp 123 ℃	

반응식

1° 아릴아민과 아질산을 반응시키면 다이아조늄염을 생성하는데 이 반응을 다이아조화(diazotization)라 한다. 이 반응의 메커니즘에서 아민이 나이트로소늄 이온을 친핵성 공격하고 그리고 나서 양성자 제거 반응으로 N－나이트로사민을 형성하고 물이 떨어져 나간다.

다이아조늄염은 매우 좋은 이탈기인 N_2를 잃고 분해되기 쉬우므로 다이아조화 반응은 일반적으로 0－5 ℃의 저온에서 일어나도록 한다. 다이아조늄염은 불안정한 화합물로서 건조하면 폭발할 수 있으므로 다룰 때 주의한다.

다이아조늄염을 전자주개(NH_2, NHR, NR_2, OH)가 있는 방향족 화합물과 반응시키면 질소－질소 이중 결합이 있는 아조 화합물을 형성하는데 이 반응을 짝지음(coupling)이라 하고 다이아조늄염의 친전자성 방향족 치환반응의 한 예이다.

상온보다 낮은 0－5 ℃로 유지하면서 반응을 진행해야 하고 실험 시간은 대략 6시간 정도 소요된다.

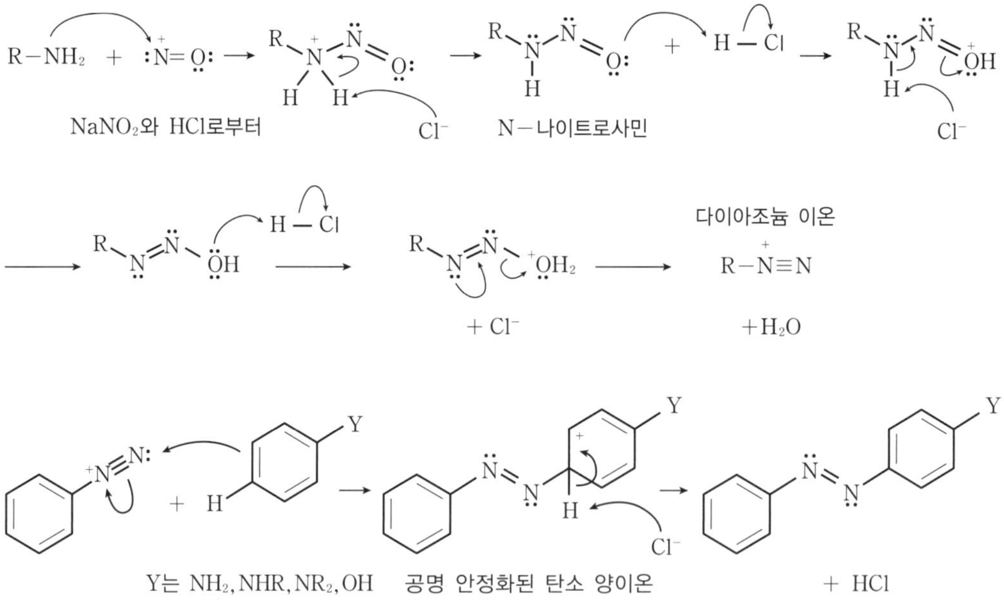

$R-NH_2 + :N=O: \rightarrow$ R, $\overset{+}{N}$, N, O, H, H $\rightarrow$ R, N, N, O, H + H－Cl $\rightarrow$ R, N, $\overset{+}{N}$, OH, H

NaNO$_2$와 HCl로부터 　 Cl$^-$ 　 N－나이트로사민 　 Cl$^-$

$\longrightarrow$ R, N, N, OH 　 H－Cl $\longrightarrow$ R, N, N, $\overset{+}{O}H_2$ $\longrightarrow$

다이아조늄 이온

$R-\overset{+}{N}\equiv N$

$+ Cl^-$ 　 $+ H_2O$

$\overset{+}{N}\equiv N:$ + H, Y $\rightarrow$ N, N, H, Y $\rightarrow$ N, N, Y

Cl$^-$

Y는 NH$_2$, NHR, NR$_2$, OH 　 공명 안정화된 탄소 양이온 　 + HCl

메커니즘

2. 방법

기구 　 비커(100 ml, 200 ml, 300 ml, 500 ml), 유리 막대, 감압여과장치

시약 　 설파닐산 8.7 g, β－나프톨 7.2 g, 아질산 소듐 3.5 g, 5 % Na_2CO_3 수용액, 10 % NaOH 용액, 2N 염산(HCl), KI－전분 시험지, pH 시험지, NaCl, 얼음

1) 500 ml 비커에 8.7 g의 설파닐산과 60 ml의 5 % Na_2CO_3 용액을 넣고 완전히 용해되어 맑은 용액이 될 때까지 가열한다. 얼음 중탕으로 충분히 냉각시킨다.
2) 100 ml 비커에 3.5 g의 아질산 소듐과 20 ml의 증류수를 넣고 완전히 녹인 후 얼음 중탕으로 냉각시키고 또한 60 ml의 2N HCl을 200 ml 비커에 넣고 얼음 중탕으로 냉각시킨다.
3) 2)에서 준비한 두 용액을 1)에서 준비한 용액에 첨가하고 얼음 중탕 상태에서 잘 섞어준다. KI－전분 시험지 색깔이 청색인지 확인한다.
4) 300 ml 비커에 7.2 g의 β－나프톨과 100 ml의 10 % NaOH 용액을 넣고 완전히 용해한 후 얼음 중탕으로 냉각시킨다.

생성된 다이아조늄염은 불안정하여 온도가 조금만 올라가도 질소를 방출하고 분해되기 쉬우므로 짝지음 반응을 위해 저온 유지는 필요하다.

5) 4)에서 준비한 용액 전량을 3)에서 준비한 용액에 빠르게 첨가하고 얼음 중탕 상태에서 약 1시간 동안

잘 섞어준다.

6) 80 ℃에서 가열하여 석출된 결정을 녹인 후 뜨거운 상태에서 감압 여과한다. 사용할 깔때기를 미리 데워서 사용한다.

7) 여과지에 거른 고체는 폐액 통에 버리고 여과액에 10-20 g의 NaCl을 첨가하고 80 ℃에서 가열하면서 녹인다.

8) 실온에 방치하여 냉각한 후 감압 여과한다. 여과액은 폐액 통에 버리고 여과지에 거른 오렌지 색의 비늘 조각과 같은 모양의 결정은 여과지와 함께 건조한다.

9) 오렌지 II의 무게를 측정하고 수득률을 계산한다.

실험보고서

제목 :

실험 연월일 :

제출 연월일 :

성명 :

학번 :

실험조 :

공동 실험자 이름 :

실험 개요 :

실험 방법 :
(시약, 기구, 장치 및 조건)

실험 결과 및 고찰 :

기타(참고문헌) :

실험 5. 메틸오렌지의 합성(다이아조화 반응과 짝지음 반응)

1. 개요

설파닐산을 오렌지 II의 합성과 마찬가지로 다이아조화하고 산성 용액에서 다이메틸아닐린과 짝지음 반응을 시켜서 메틸오렌지를 합성한다.

$$H_2N-C_6H_4-SO_3H + C_6H_5-N(CH_3)_2 \longrightarrow (CH_3)_2N-C_6H_4-N{=}N-C_6H_4-SO_3Na$$

sulfanilic acid
mw 173.2
mp 280 ℃

dimethylaniline
mw 121.2
bp 193.5 ℃
mp 2.5 ℃
d 0.956

methylorange
mw 305.4

반응식

오렌지 II의 합성과 마찬가지로 설파닐산(sulfanilic acid)에 탄산 소듐(sodium carbonate)을 가하여 수용성의 설파닐산 소듐염을 만든다. 여기에 아질산 소듐($NaNO_2$)과 진한 염산 용액을 가하여 다이아조늄염을 만든다. 이것을 산성 용액에서 다이메틸아닐린과 반응시켜 주황색 염료인 메틸오렌지를 합성한다. 메틸오렌지는 pH 범위 3.1−4.4에서 색이 변하는데 산성일 때는 빨간색, 염기성일 때는 주황색으로 색이 변한다.

상온보다 낮은 0−5 ℃로 유지하면서 반응을 진행해야 하고 실험 시간은 대략 6시간이 소요된다.

2. 방법

기구 비커(100 ml, 200 ml) 4, 시험관, 온도계, 유리 막대, 감압여과장치

시약 설파닐산 4.0 g, 다이메틸아닐린 2.5 g, 아질산 소듐 1.6 g, NaOH, 2N 염산(HCl), pH 시험지, NaCl, 얼음

1) 200 ml 비커에 4.0 g의 설파닐산과 10 ml의 10 % NaOH 용액을 넣고 완전히 용해한 후 얼음 중탕으로 충분히 냉각시킨다.
2) 100 ml 비커에 1.6 g의 아질산 소듐과 10 ml의 증류수를 넣고 완전히 녹인 후 얼음 중탕으로 냉각시키고 또한 25 ml의 2N HCl을 시험관에 넣고 얼음 중탕으로 냉각시킨다.
3) 2)에서 준비한 두 용액을 1)에서 준비한 용액에 첨가하고 얼음 중탕 상태에서 잘 섞어준다.
4) 100 ml 비커에 2.5 g의 다이메틸아닐린과 20 ml의 1N HCl 용액을 넣고 완전히 용해한 후 얼음 중탕으로

냉각시킨다.

5) 4)에서 준비한 용액 전량을 3)에서 준비한 용액에 빠르게 첨가하고 얼음 중탕 상태에서 약 10분 동안 잘 섞어준다. 진한 NaOH 용액을 소량씩 가하여 알칼리성으로 만들면 반응액이 황갈색으로 변한다.

짝지음 반응 후 만들어진 메틸오렌지는 소듐염으로서 알칼리성 조건에서 안정한 구조로 석출 정제한다.

6) 2 g의 NaCl을 첨가하고 물중탕으로 가열하면서 용해한다.

7) 실온에 방치하여 냉각한 후 감압 여과한다. 여과액은 폐액 통에 버리고 여과지에 거른 황갈색의 비늘 조각과 같은 모양의 결정은 여과지와 함께 건조한다.

9) 메틸오렌지의 무게를 측정하고 수득률을 계산한다.

실험보고서

제목 :

실험 연월일 :

제출 연월일 :

성명 :

학번 :

실험조 :

공동 실험자 이름 :

실험 개요 :

실험 방법 :
(시약, 기구, 장치 및 조건)

실험 결과 및 고찰 :

기타(참고문헌) :

실험 6. 아세트아닐라이드의 합성(아세틸화 반응)

1. 개요

빙초산을 사용하여 아닐린(aniline)을 아세트아닐라이드(acetanilide)로 변형하는 반응을 아세틸화 반응(acetylation)이라 한다. 이 반응은 생성되는 수분에 의해서 반응이 느려지므로 생성되는 수분을 제거함으로써 반응 평형을 생성물 쪽으로 진행하면 반응 시간을 단축할 수 있다.

NH_2 + CH_3COOH ⟶ H-N (acetanilide) + H_2O

anline
mw 93.1
bp 184.6℃
d 1.022

acetanilide
mw 135.2
mp 115℃
d 1.207

반응식

아세틸화 반응은 빙초산 이외에 무수초산(acetic anhydride)을 사용하여 이룰 수 있다. 무수초산을 사용하면 아세틸화 반응이 단축되어 효율이 좋지만 다이아세틸 유도체가 부산물로 만들어지기 쉽다.

NH_2 + $CH_3COOCOCH_3$ ⟶ H-N (acetanilide) + CH_3COOH

반응식

유기합성 과정에서 산화 환원 반응에 예민한 아미노기와 하이드록실기를 보호하는데 아세틸화 반응이 널리 사용된다.

아세틸화 반응은 재결정 과정을 포함해서 대략 6시간이 소요되며 수율은 80 % 정도이다.

2. 방법

기구 비커(500 ml, 1 l) 3, 보온깔때기, 유리 막대, 온도계, 감압여과장치

시약 아닐린 14.7 ml(15 g), 빙초산 20 ml, 활성탄, 여과지

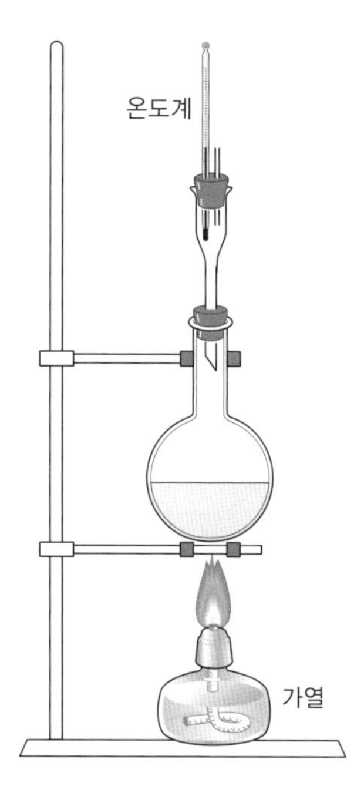

그림 **6.1** 아세틸화 반응장치

1) 300 ml의 둥근 바닥 플라스크에 14.7 ml(15 g)의 아닐린, 20 ml의 빙초산과 비등석을 넣고 아세틸화 반응 장치를 조립한다.
2) 105 ℃ 정도에서 2–3시간 동안 가열하고 온도계의 눈금이 불안정하게 되면 가열을 중단한다. 300 ml의 냉수가 들어있는 1000 ml 비커에 교반하면서 재빨리 붓는다.
3) 실온까지 냉각한 후 감압 여과하고 냉수로 씻는다.
4) 여과액은 폐액 통에 버리고 결정 고체는 1000 ml 비커에 옮긴다. 600 ml의 끓는 물을 첨가하고 5–10 g의 활성탄을 서서히 가하고 5분 동안 끓이면서 용해한다.
5) 주름 잡은 여과지를 가진 보온깔때기를 사용하여 거른 후 여과지의 활성탄은 폐액 통에 버리고 여과액은 냉각시킨 후 감압 여과한다.
6) 여과액은 버리고 거른 고체 결정이 착색되어 있지 않으면 여과지로 수분을 제거하고 건조기(desiccator) 안에서 건조한다. 만약 거른 고체 결정이 착색되어 있으면 실험 과정 4)부터의 재결정 과정을 반복한다.
7) 녹는점을 측정하여 고체의 순도를 확인한다.
8) 아세트아닐라이드 무게를 측정하고 수득률을 계산한다.

아세트아닐라이드의 물에 대한 용해도(g/100g H_2O)

온도(℃)	0	10	20	30	40	50	60	80	100	120	140
용해도	0.360	0.441	0.561	0.729	0.975	1.33	1.86	4.5	7	13	28

실험보고서

제목 :

실험 연월일 :

제출 연월일 :

성명 :

학번 :

실험조 :

공동 실험자 이름 :

실험 개요 :

실험 방법 :
(시약, 기구, 장치 및 조건)

실험 결과 및 고찰 :

기타(참고문헌) :

실험 7. 아세트산 에틸의 합성(에스터화 반응)

1. 개요

카복실산과 알코올을 산 촉매하에서 반응시키면 에스터가 합성된다. 이 반응을 에스터화 반응(Fischer esterification)이라 한다. 본 실험에서는 아세트산과 에탄올을 황산 촉매하에서 반응시켜 아세트산 에틸(ethyl acetate)을 합성한다.

$$CH_3COOH + C_2H_5OH \underset{H_2SO_4}{\rightleftharpoons} CH_3COOC_2H_5$$

acetic acid	ethanol	ethyl acetate
mw 60.1	mw 46.1	mw 88.1
bp 117.8 ℃	bp 78.3 ℃	bp 76.8 ℃
mp 16.6 ℃	mp −114.5 ℃	mp −83.6 ℃
d 1.049	d 0.789	d 0.901

반응식

이 반응은 가역적 평형 반응이므로 르샤틀리에(Le Châtelier) 원리에 의해서 알코올을 과량으로 사용하거나 생성되는 물을 제거함으로써 평형을 오른쪽으로 이동시켜서 과량의 생성물을 만들 수 있다. 이 반응은 친핵성 아실 치환반응으로 친핵체의 첨가와 연이은 이탈기의 제거의 두 단계로 진행된다.

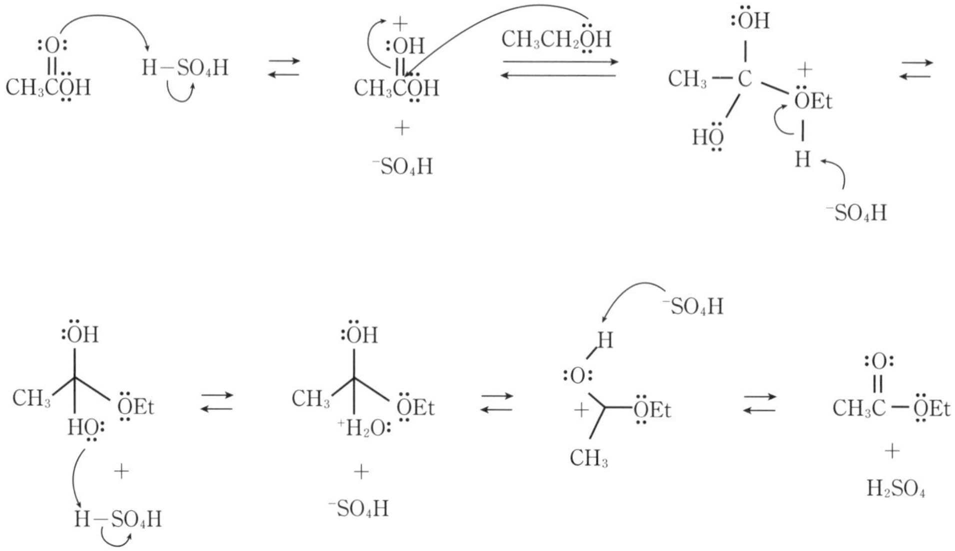

메커니즘

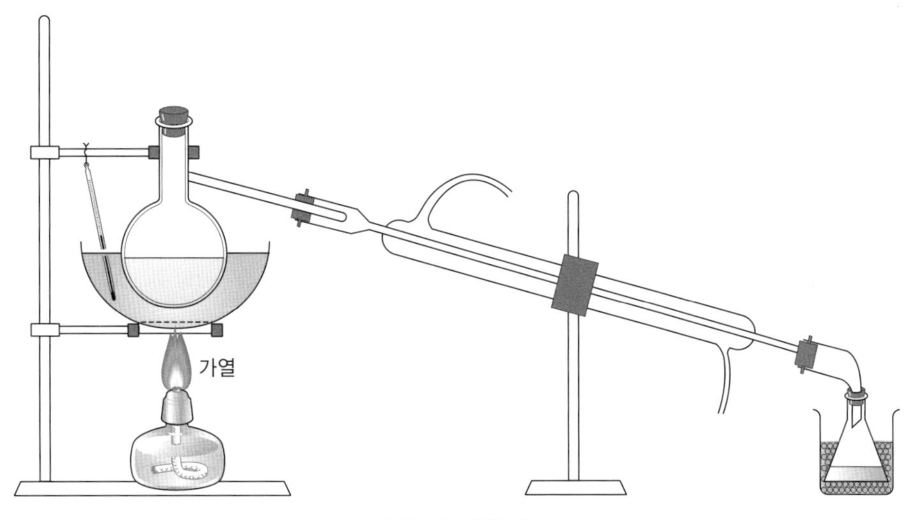

그림 **7.1** 반응장치

2. 방법

기구 비커(300 ml) 1, 메스실린더(100 ml) 1, 깔때기 1, 유리 막대, 온도계

시약 에탄올 75 ml, 빙초산 50 ml, 진한 황산 25 ml, 탄산 소듐, 염화칼슘, pH 시험지

1) 비등석을 넣은 300 ml의 가지 달린 둥근 바닥 플라스크에 50 ml의 빙초산, 75 ml의 에탄올과 2–3 ml의 진한 황산을 넣은 후 반응장치를 조립하고 140 ℃의 기름중탕으로 가열한다. 삼각 플라스크에 아세트산 에틸의 유출액이 나오지 않을 때까지 가열한다.
2) 소량의 Na_2CO_3를 가하고 잘 섞어서 알칼리성으로 만든다. 분별 깔때기에 옮긴 후 방치하여 층 분리를 한다.(반응하지 않고 남아 있는 아세트산 제거)
3) 아래층의 물은 버리고 상층의 에스터는 남긴다. $CaCl_2$ 수용액(10 g의 $CaCl_2$와 10 ml의 증류수)을 넣고 잘 섞은 후 방치해서 층 분리를 한다.(반응하지 않고 남아 있는 에탄올 제거)
4) 아래층은 버리고 상층의 에스터는 삼각 플라스크에 모으고 무수 염화칼슘을 넣고 잘 섞어서 방치한다.
5) 여과해서 여과지 상의 염화칼슘은 버리고 거른 에스터 액은 가열 증류한다.
6) 초기의 유출액은 버리고 72–79 ℃의 유출액을 수집하여 정제된 아세트산 에틸을 얻는다.

실험보고서

제목 :

실험 연월일 :

제출 연월일 :

성명 :

학번 :

실험조 :

공동 실험자 이름 :

실험 개요 :

실험 방법 :
(시약, 기구, 장치 및 조건)

실험 결과 및 고찰 :

기타(참고문헌) :

실험 8. 에틸렌과 브로민화 에틸의 합성(탈수 반응과 할로젠화 반응)

1. 개요

에탄올로부터 물을 제거하여 에틸렌을 만들고 에틸렌에 브로민을 첨가하여 이웃 자리 이브로민화물(vicinal dibromide)을 합성한다.

$$C_2H_5OH \xrightarrow[H_2SO_4]{} CH_2{=}CH_2 \xrightarrow[Br_2]{} CH_2BrCH_2Br$$

ethanol	ethylene	ethylene bromide
mw 46.1	mw 28.1	mw 187.9
bp 78.3 ℃	bp −103.7 ℃	bp 131.4 ℃
mp −114.5 ℃	mp −169.2 ℃	mp 10.1 ℃
d 0.789		d 2.180

반응식

알코올로부터 물을 제거하는 탈수 반응(dehydration)은 일반적으로 H_2SO_4와 같은 센 산에서 진행하고 알켄을 생성한다.

알켄에 할로젠(Cl_2와 Br_2)을 첨가하면 이웃 자리 이할로젠화물(vicinal dihalide)을 합성하는데 이 반응은 삼원자 고리를 형성하는 불안정한 bridged halonium ion 중간체를 만들고 친핵체인 X^-의 공격을 받아서 고리가 열리면서 진행한다.

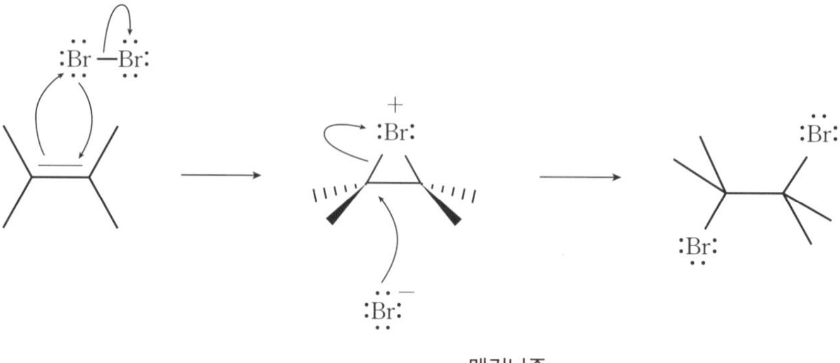

메커니즘

에탄올을 황산 촉매하에서 160 ℃에서 가열하면 탈수 반응이 일어나서 에틸렌이 만들어지고 반응 온도가 140 ℃가 되면 다이에틸에터가 만들어진다.

Br_2는 상온에서 적갈색의 액체로서 휘발성이고 자극성의 기체를 방출하므로 증기를 흡입하지 않도록 주의하고 손등에 묻지 않도록 주의한다.

2. 방법

기구 삼각 플라스크(200 ml) 1, 메스실린더(100 ml) 1, 비커(200 ml) 1, 분별 깔때기 1, 깔때기 1, 단순 증류 장치, 온도계

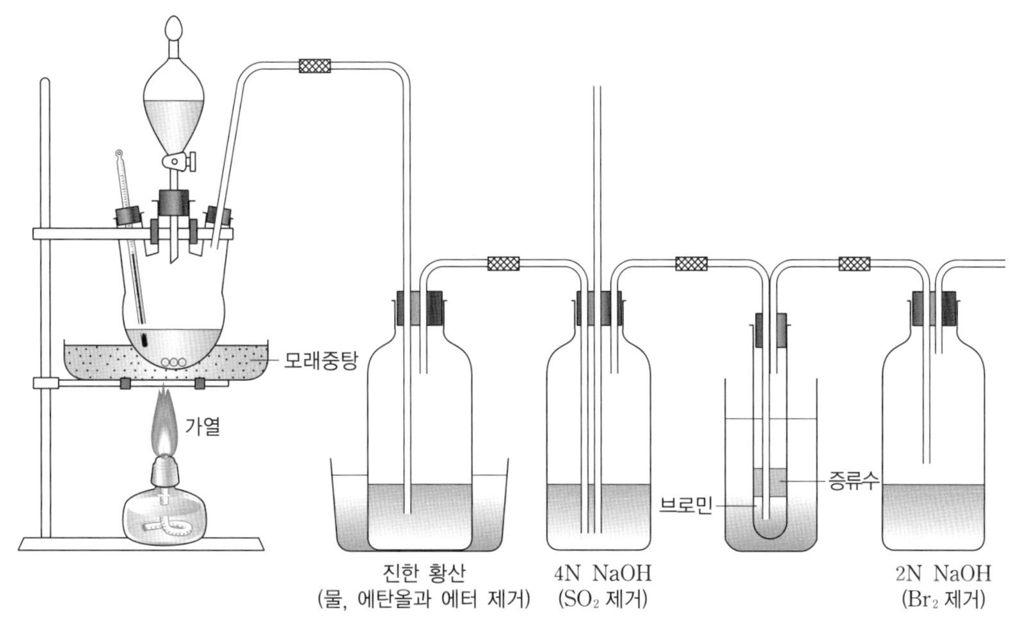

그림 **8.1** 반응장치

시약 에탄올 90 ml, 브로민 10 ml, 진한 황산 130 ml, 수산화 소듐, 염화칼슘, 과망간산 포타슘

1) 30 ml의 에탄올을 500 ml의 3구 둥근 바닥 플라스크에 넣고 90 ml의 진한 황산을 조금씩 서서히 가하면서 잘 섞는다. 촉매 작용을 하는 5 g의 규조토를 더한다.
2) 10 ml의 브로민을 30 ml의 시험관에 넣고 브로민의 증발을 막기 위해 위에 10 ml의 증류수를 살며시 붓는다.
3) 60 ml의 에탄올을 200 ml의 비커에 넣고 40 ml의 진한 황산을 조금씩 서서히 가하고 분별 깔때기로 옮긴다. 고무마개와 고무관 등을 확실하게 끼워서 기체가 새지 않도록 해서 1)과 2)와 함께 반응장치를 조립한 후 모래중탕으로 160–170 ℃로 가열한다.
4) 에틸렌이 발생하기 시작하면 분별 깔때기로부터 조금씩 더한다. 더하는 양과 가열을 조절하면서 반응속도를 조절한다. 때때로 브로민 제거용 가스세정병을 흔들어 준다.
5) 30 ml의 시험관의 브로민 색이 사라지면 플라스크와 세정 병을 연결하는 고무관을 먼저 분리하고 난 후에 버너의 불을 꺼서 가열을 중지한다.(역류 방지)
6) 과잉으로 발생하는 에틸렌 기체를 수상 치환으로 시험관과 집기병에 모은 후 다음의 정성 시험으로 에틸렌을 확인한다.

① 시험관에 모은 에틸렌에 불꽃을 가하면 그을음을 내면 탄다.

② 집기병에 모은 에틸렌에 진한 과망간산 포타슘 용액을 소량 더하고 섞으면 적자색이 없어진다.

7) 30 ml의 시험관에 생성된 브로민화 에틸렌을 분액깔때기로 옮기고 묽은 NaOH 용액을 더한 후 잘 섞은 뒤 층이 분리되도록 방치한다.

8) 상층의 물 층은 버리고 아래층의 브로민화 에틸렌은 삼각 플라스크에 모은 후 분별 깔때기에 옮긴다. 증류수를 가하고 잘 섞은 후 방치하여 층이 분리되도록 한다.

9) 상층의 물 층은 버리고 아래층의 브로민화 에틸렌은 삼각 플라스크에 모은다. 무색이 되면 염화칼슘을 더하고 잘 섞은 후 방치한다.

10) 여과한 후 고체 염화칼슘은 버리고 용액은 둥근 바닥 플라스크에 모은 후 127－132 ℃에서 증류하고 브로민화 에틸렌의 유출액을 모은다.

실험보고서

제목 :

실험 연월일 :

제출 연월일 :

성명 :

학번 :

실험조 :

공동 실험자 이름 :

실험 개요 :

실험 방법 :
(시약, 기구, 장치 및 조건)

실험 결과 및 고찰 :

기타(참고문헌) :

실험 9. 사이클로헥산온(cyclohexanone)의 합성(산화 반응)

1. 개요

사이클로헥산올의 이차 알코올을 산화시키면 카보닐 화합물인 사이클로헥산온을 합성할 수 있다. 이 산화 반응은 산성 수용액(H_2SO_4 + H_2O)에서 Cr^{6+} 산화제(CrO_3, $Na_2Cr_2O_7$, $K_2Cr_2O_7$)에 의해서 수행된다. 이 반응에서 Cr^{6+}은 Cr^{4+}로 환원된다.

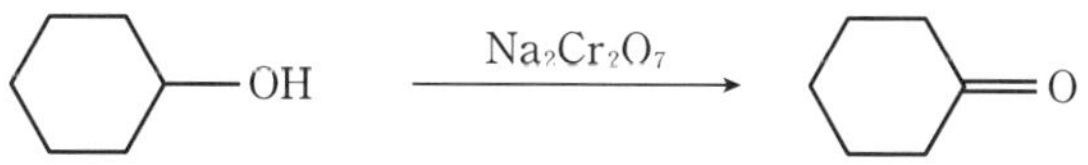

$Na_2Cr_2O_7$

cyclohexanol
mw 100.2
bp 161.1 ℃
mp 25.2 ℃
d 0.968

cyclohexanone
mw 98.2
bp 156.2 ℃
mp −32 ℃
d 0.947

반응식

알코올 산화의 메커니즘은 크로뮴산 에스터(chromate ester)의 생성과 양성자 이탈의 두 부분으로 구성된다.

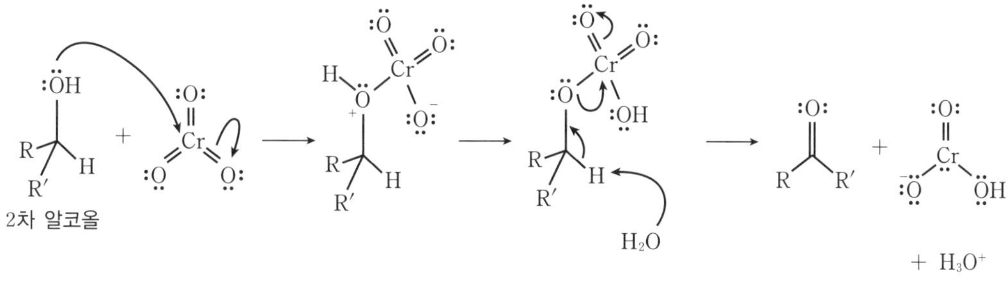

2차 알코올

H_2O

+ H_3O^+

메커니즘

2. 방법

기구 삼각 플라스크(200 ml, 300 ml) 1, 메스실린더(100 ml) 1, 비커(100 – 200 ml) 2, 분별 깔때기 1, 깔때기 1, 온도계(100 ℃) 2, 수증기 증류 장치

시약 사이클로헥산올 15 g, 중크롬산 소듐 이수화물 15 g, 빙초산 35 ml, 10 % 수산화 소듐 수용액 25 ml, 에터 30 – 40 ml, NaCl(유출액 1 ml에 대하여) 0.2 g, 무수 황산 소듐

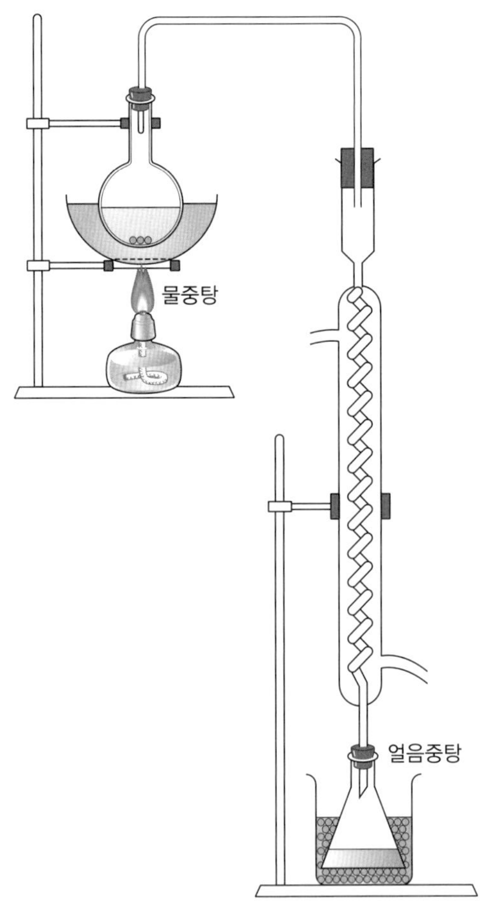

그림 **9.1** 반응장치

1) 15 g의 사이클로헥산올을 300 ml의 비커에 넣고 10 ml의 빙초산을 첨가한 후 얼음 중탕 속에서 15 ℃ 이하로 냉각한다.
2) 15 g의 중크롬산 소듐 이수화물을 200 ml의 비커에 넣고 25 ml의 빙초산을 첨가하고 가열 용해한 후 얼음 중탕으로 15 ℃까지 냉각한다.
3) 15 ℃ 이상이면 수득률이 낮아지기 때문에 얼음 중탕 속에서 2)의 용액을 1)의 용액에 첨가하고 섞어준다.
4) 반응 플라스크를 얼음 중탕에서 꺼내어 상온에 방치한다.($Cr_2O_7^{2-}$ 용액의 색은 오렌지색이다.) 60 ℃ 이상으로 올라가지 않도록 때때로 얼음 중탕에서 냉각한다.
5) 반응 플라스크를 60 ℃에서 15분 동안 흔들어 주면서 반응시킨다.
6) 온도가 내려가기 시작하고 용액의 색깔이 녹색으로 변하면 10분간 방치한 후 300 ml의 둥근 바닥 플라스크로 옮긴다. 반응 플라스크를 100 ml의 증류수로 씻고 둥근 바닥 플라스크에 첨가하여 합친다.
7) 수증기 증류한 후(기름상의 사이클로헥산온은 어느 정도 물에 녹기 때문에 유출액이 투명하게 돼도 증류를 계속한다.) 둥근 바닥 플라스크에 남은 용액은 버리고 삼각 플라스크에 모은 유출액에 NaCl을 첨가하여(유출액 1 ml에 대하여 0.2 g의 비율) 흔들어 주면서 용해한다.

8) 분별 깔때기에 옮긴 후(삼각 플라스크를 에터로 씻고 분액 깔때기에 첨가하여 합한다.) 25−30 ml의 에터를 넣고 잘 흔들고 방치하여 층 분리한다.
9) 아래층의 물은 버리고 상층의 에터에 25 ml의 10 % NaOH 용액을 첨가하고 잘 흔들어 준 후 방치하여 층 분리한다.
10) 아래층의 물은 버리고 상층의 에터에 식염수를 첨가하고 잘 흔들어 준 후 방치하여 층 분리한다.
11) 아래층의 물은 버리고 상층의 에터는 삼각 플라스크에 모으고 5 g의 무수 황산 소듐을 넣고 잘 흔든 뒤에 방치한다.
12) 여과하여 고체의 황산 소듐은 버리고 여과액은 둥근 바닥 플라스크에 모은 후 에터 증류 장치에 조립하고 증류한다.
13) 에터 유출액은 버리고 둥근 바닥 플라스크의 남은 용액은 실온에 방치하여 냉각한다. 아스피레이터를 이용하여 감압하여 남아 있는 에터를 제거하고 사이클로헥산온을 얻는다.

실험보고서

제목 :

실험 연월일 :

제출 연월일 :

성명 :

학번 :

실험조 :

공동 실험자 이름 :

실험 개요 :

실험 방법 :
(시약, 기구, 장치 및 조건)

실험 결과 및 고찰 :

기타(참고문헌) :

실험 10. Hexanedioic acid(아디프산, adipic acid)의 합성(산화 반응)

1. 개요

케톤은 대부분의 산화제에 반응하지 않지만 알칼리성의 $KMnO_4$로 가열하면 카보닐기에 이웃한 탄소-탄소 결합의 분해 반응이 일어난다. 이 반응은 널리 사용되지 않고 사이클로헥산온으로부터 아디프산을 합성하는데 유용하게 사용된다.

$$\text{cyclohexanone} \xrightarrow[\text{2. } H_3O^+]{\text{1. } KMnO_4,\ NaOH} \text{hexanedioic acid } (CO_2H)_2$$

cyclohexanone
mw 98.2
bp 156 ℃
mp −32 ℃
d 0.947

hexanedioic acid (79%)
mw 146.1
bp 205.5 ℃(10 mmHg)
mp 153 ℃
d 1.360

반응식

2. 방법

기구 삼각 플라스크(500 ml) 1, 비커(500 ml) 1, 온도계(100 ℃) 1, 감압여과장치

시약 사이클로헥산온 10 g, 과망간산 포타슘($KMnO_4$) 30.5 g, 10 % 수산화 소듐 용액 5 ml, 아황산 수소 소듐, 진한 염산, pH 시험지

1) 500 ml 비커에 10 g의 사이클로헥산온, 30.5 g의 $KMnO_4$와 250 ml의 증류수를 넣고 흔들면서 가열 용해한다. 35 ℃가 되면 가열을 중지하고 5 ml의 10 % NaOH 용액을 넣고 섞어준다. 용액 온도가 90 ℃가 되면 80 ℃로 즉시 냉각한다.
2) 온도가 서서히 떨어지기 시작하면 5분간 가열한다.(이산화망간을 침전시키기 위함)
3) 유리막대로 용액 한 방울을 여과지에 떨어뜨려서 흑갈색의 MnO_2 중심 주위에 $KMnO_4$의 적자색이 나타나는지를 조사한다. 적자색이 나타나면 아황산 수소 소듐을 소량 넣고 유리 막대를 이용해서 다시 조사한다.
4) 적자색이 없어지면 감압 여과하고 침전물을 한 번 더 세척한다. 침전물은 폐액 통에 버리고 여과액은 500 ml 비커에 모은다.
5) 비커에 비등석을 넣고 미리 표시해둔 70 ml까지 가열하면서 농축한다. 비커 내벽에 붙은 고체를 긁어내리고 pH가 1−2가 될 때까지 교반하면서 진한 염산을 가한다.

6) 10 ml의 진한 염산을 더 가하고 방치하여 결정이 석출되도록 한다. 감압 여과한 후 여과액은 버리고 백색의 아디프산 결정은 건조한다.

실험 중에 사용한 플라스크와 온도계에 묻은 MnO_2는 물과 소량의 $NaHSO_4$를 사용해서 솔로 문질러 제거한다.

실험보고서

제목 :

실험 연월일 :

제출 연월일 :

성명 :

학번 :

실험조 :

공동 실험자 이름 :

실험 개요 :

실험 방법 :
(시약, 기구, 장치 및 조건)

실험 결과 및 고찰 :

기타(참고문헌) :

실험 11. Adipic acid dichloride의 합성(할로젠화 반응)

1. 개요

Hexanedioic acid(아디프산, adipic acid)를 염화 싸이오닐과 반응하여 adipic acid dichloride를 합성한다. 이 반응을 할로젠화 반응 가운데 염화 반응(chlorination)이라 한다.

$$HOOC(CH_2)_4COOH \xrightarrow{SOCl_2} ClOC(CH_2)_4COCl$$

hexanedioic acid(adipic acid)	adipic acid dichloride
mw 146.1	mw 183.0
bp 205.5 ℃(10 mmHg)	bp 125–128 ℃(18 mmHg)
mp 153 ℃	
d 1.360	

반응식

강한 유기산인 카복실산은, 염기도 될 수 있는 친핵체와의 반응에서 친핵성 치환 반응보다 산–염기 반응이 우선적으로 일어나서 양성자를 잃어버린다. OH^-, NH_3와 아민과 같은 친핵체와의 반응에서 카복실산은 산–염기 반응을 우선적으로 일으키므로 Cl^-를 친핵체로 사용해서 카복실산을 산 염화물로 전환시킬 수 없다. 따라서 카복실산을 산 염화물로 만들기 위해 염화 싸이오닐(thionyl chloride, $SOCl_2$)과 같은 특수한 시약을 사용한다. 이 반응에서 염화 싸이오닐은 두 가지의 역할을 한다. 즉, 카복실산의 좋지 않은 이탈기인 OH기를 좋은 이탈기로 바꾸어 주고 또한 친핵체인 Cl^-를 제공한다. 염화 싸이오닐을 이용해서 카복실산을 산 염화물로 바꾸는 반응의 메커니즘은 다음과 같다.

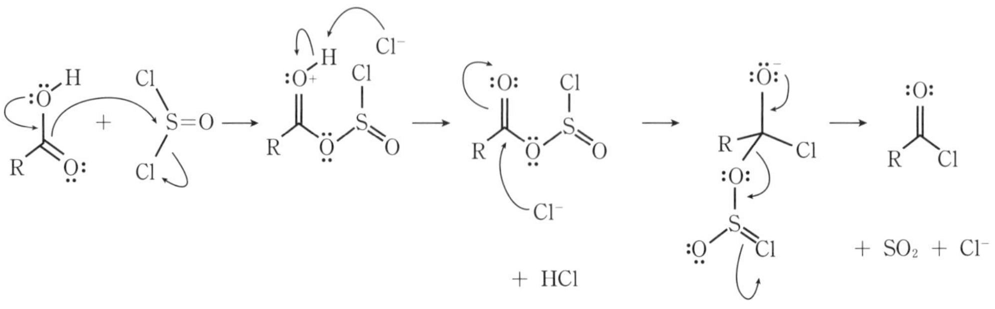

$+ HCl$ $\qquad + SO_2 + Cl^-$

메커니즘

2. 방법

기구 감압 증류 장치

시약 아디프산 15 g

염화 싸이오닐 30 ml

mw 118.9

bp 78.8 ℃

mp −104.5 ℃

d 1.638

무색의 자극성 액체로 수분에 의해 분해되기 쉬우므로 취급에 주의한다.

1) 15 g의 아디프산을 건조된 200 ml의 둥근 바닥 플라스크에 넣고 30 ml의 염화 싸이오닐을 재빨리 더한다. 반응장치를 조립하고 물중탕으로 약 60 ℃에서 3시간 동안 가열 환류한다.
2) 장치를 바꾸어 아스피레이터에 연결하여 감압하면서 물중탕으로 가열하면서 과잉의 염화 싸이오닐을 제거한다.
3) 반응액을 클라이젠 플라스크에 옮긴 후 감압 증류한다. 초기 유출액은 버리고 125−128 ℃(18 mmHg 또는 83−85 ℃(1−2 mmHg))에서 유출액을 모은다.
4) 수집한 adipic acid dichloride를 삼각 플라스크에 옮기고 마개로 막고 데시케이터에 보관한다.

실험보고서

제목 :

실험 연월일 :

제출 연월일 :

성명 :

학번 :

실험조 :

공동 실험자 이름 :

실험 개요 :

실험 방법 :
(시약, 기구, 장치 및 조건)

실험 결과 및 고찰 :

기타(참고문헌) :

실험 12. 다이 알데하이드의 합성(산화 반응)과 하이드라존의 형성

1. 개요

RNA의 3′ 말단 오탄당에 있는 2′, 3′ 다이 알코올을 NaIO4를 사용하여 다이 알데하이드로 산화시키고 이것을 adipic acid hydrazide의 연결자(linker)를 가진 sepharose 수지에 짝지음 반응으로 hydrazone을 형성함으로써 RNA가 붙은 affinity column을 위한 수지를 제작한다.

RNA diol (HO OH) + $NaIO_4$ ⇄ (O O / HO−I−OH / O $^-ONa^+$) → RNA dialdehyde (O=HC CH=O)

sodium periodate
mw 213.89
mp 300 ℃
d 3.865

(수지)−CO−$(CH_2)_4$−CO−NH−NH_2 → (수지)−CO−$(CH_2)_4$−CO−NH−N=CH ... CH=O (RNA)

hydrozone

반응식

2. 방법

기구 eppendorf 튜브, 마이크로 튜브용 원심분리기, 마이크로피펫

시약 0.1 M 인산 포타슘 용액(pH 8.0), 20 mM $NaIO_4$, 3M NaOAC, 에탄올,
0.1 M 아세트산 포타슘(CH_3COOK) 용액(pH 5.0)
adipic acid hydrazide($HOOC(CH_2)_4CONHNH_2$))의 연결자(linker)를 가진 sepharose 수지, 얼음

1) 150 ug의 RNA를 100 ul의 0.1 M 인산 포타슘 용액(pH 8.0)에 녹인다. 방금 신선하게 만들고 얼음으로 냉각한 50 ul의 20 mM $NaIO_4$를 첨가하고 포일로 감싸 어둡게 한 뒤에 얼음 속에서 2시간 동안 보관하면서 RNA 말단의 다이 올을 다이 알데하이드로 산화한다.
2) 반응 용액에 0.1 부피의 3 M NaOAC와 3 부피의 에탄올을 첨가하고 -70 ℃에서 2시간 동안 방치하여 냉각한 후 RNA를 12000 rpm에서 10분 동안 원심분리하여 침전시키고 건조한다.

3) 300 ul의 adipic acid hydrazide의 연결자(linker)를 가진 sepharose 수지를 eppendorf 튜브에 넣고 300 ul의 0.1 M 아세트산 포타슘 용액(pH 5.0)을 첨가하고 세게 혼합한 후 원심분리한 뒤에 상층의 완충용액을 마이크로피펫으로 제거한다. 침전물에 400 ul의 0.1 M 아세트산 포타슘 용액(pH 5.0)을 넣고 이 과정을 두 번 더 실시한다. 침전물에 400 ul의 0.1 M 아세트산 포타슘 용액(pH 5.0)을 넣고 보관한다.
4) 1)에서 건조한 RNA를 100 ul의 0.1 M 아세트산 포타슘 용액(pH 5.0)에 녹이고 3)에서 준비한 sepharose 수지 용액에 첨가하고 4 ℃에서 혼합하면서 하룻밤 동안 반응한다.
5) 하이드라존(hydrazone)을 형성하는 짝지음 반응의 효율은 95 % 이상이다.

실험보고서

제목 :

실험 연월일 :

제출 연월일 :

성명 :

학번 :

실험조 :

공동 실험자 이름 :

실험 개요 :

실험 방법 :
(시약, 기구, 장치 및 조건)

실험 결과 및 고찰 :

기타(참고문헌) :

실험 13. 아세트펜온(acetophenone)의 합성(Friedel-Craft 아실화 반응)

1. 개요

벤젠 고리가 $AlCl_3$ 존재 하에서 산 염화물(ROCl)과 반응하여 케톤을 형성하는 반응을 Friedel-Craft 아실화 반응이라 한다. 이 반응에서 Lewis 산인 $AlCl_3$는 삼 염화물의 탄소-염소 결합을 이온화하여 양으로 하전된 공명 안정화된 탄소 친전자체인 아실륨 이온을 형성한다. 이 이온의 양으로 하전된 탄소 원자가 벤젠과 두 단계로 친전자성 치환 반응을 한다.

bezene
mw 78.1
bp 80.1 ℃
mp 5.5 ℃
d 0.879

acetyl chloride
mw 78.5
bp 51 ℃
mp −112 ℃
d 1.104

acetophenone
mw 120.2
bp 202 ℃
mp 19.5–2.0 ℃
d 1.024

$AlCl_3$ + HCl

반응식

$AlCl_3$ $AlCl_3$ $AlCl_4^-$

아실륨 이온

아실륨 이온

H H + $AlCl_3$ + HCl + $AlCl_3$

공명구조 가능(+2)

메커니즘

2. 방법

기구 삼각 플라스크(200 ml) 1, 비커(200 ml, 300 ml, 500 ml) 3, 온도계(360 ℃) 1, 몰타르, 유리관, 유리 막대, 단순 증류 장치(100 ℃ 이상)

시약 건조한 벤젠 30 g, 건조한 염화아세틸(CH_3COCl) 35 g, 무수 염화알루미늄(정제한 것) 50 g, 염화칼슘, 수산화 소듐, 얼음

1) 50 g의 무수 염화알루미늄과 30 g의 벤젠이 첨가된 3구 둥근 바닥 플라스크를 35 g의 염화아세틸이 들어있는 분별 깔때기와 함께 반응장치를 조립한다.
(새 무수 염화알루미늄은 황색 계통의 고체이지만 오래되면 백색으로 변하고 흡습성이 강하므로 실험 조작은 가급적 빨리 진행한다. 무수 염화알루미늄 시약병 마개를 열 때는 내부에서 발생한 염화수소 기체로 인해 마개가 날아갈 수 있으므로 주의한다.)
2) 얼음물 중탕에서 교반시키며 분별 깔때기의 염화아세틸을 첨가한다. 발생하는 염화수소 기체는 물에 흡수시켜 제거한다. 염화아세틸을 다 첨가하고 나면 형성되는 갈색의 반유동성 물질을 1시간 정도 교반한다.
3) 250 g의 얼음이 들어있는 비커에 반응 용액을 잘 섞어주면서 더한다.(표면에 암갈색의 기름 물질이 분리된다) 3구 플라스크 안에도 얼음물을 넣어 씻고 비커에 합한다.
4) 분별 깔때기에 옮긴 후 소량의 벤젠을 더하고 잘 흔들어 섞고 방치 분리한다. 상층의 벤젠은 그대로 두고 아래층의 물을 200 ml 비커에 모으고 다른 분별 깔때기에 옮긴 후 소량의 벤젠을 더하고 잘 흔들어 섞고 방치 분리한다.
5) 아래층의 물은 버리고 상층의 벤젠은 그대로 둔 분별 깔때기의 벤젠과 합하고 여기에 묽은 NaOH 용액을 더하고 잘 흔들어 섞고 방치 분리한다.
6) 아래층의 물은 버리고 상층의 벤젠은 잘 흔든 후 방치 분리한다. 아래층의 물은 버리고 상층의 벤젠은 200 ml의 삼각 플라스크에 옮긴 후 염화칼슘을 첨가하여 건조한다.
7) 주름 잡은 여과지를 사용하여 걸러준 벤젠과 아세토펜온의 혼합용액을 가지 달린 둥근 바닥 플라스크에 모은다.
8) 비등석을 넣고 단순 증류한다(bp 202 ℃). 온도가 105 ℃ 이상이 되면 수집 용기를 바꾸고 냉각기의 물을 뺀다. 초기 유출액을 폐액 통에 버리고 195-200 ℃의 유출액인 아세토펜온을 모은다.

실험보고서

제목 :

실험 연월일 :

제출 연월일 :

성명 :

학번 :

실험조 :

공동 실험자 이름 :

실험 개요 :

실험 방법 :
(시약, 기구, 장치 및 조건)

실험 결과 및 고찰 :

기타(참고문헌) :

실험 14. 1-페닐 에탄올의 합성(환원 반응) I

1. 개요

카보닐 화합물인 아세토펜온을 소듐(혹은 리튬)과 같은 알칼리 금속과 에탄올과 같은 알코올이나 액체 암모니아(NH_3)를 함께 사용하여 2차 알코올로 환원시킨다. 이 반응을 용해성 금속 환원 반응(dissolvingmetal reduction)이라 한다. 이 환원 반응에서 알칼리 금속은 두 개의 전자를 내놓고 알코올이나 암모니아는 두 개의 양성자를 내놓는다. 그리고 알코올은 용제의 역할도 하므로 과량으로 사용하고 금속 소듐도 이론값보다 4-5배 정도 과량으로 가한다. 반응은 보통 알코올의 끓는점 부근에서 일어난다.

$$\text{acetophenone} \xrightarrow[C_2H_5OH]{Na} \text{1-phenylethanol}$$

acetophenone
mw 120.2
bp 200 ℃
mp 19.5-20 ℃
d 1.024

1-phenylethanol
mw 122.2
bp 204 ℃
mp 20 ℃
d 1.018

반응식

2. 방법

기구 둥근 바닥 플라스크(500 ml) 1, 삼각 플라스크(200 ml, 300 ml) 3, 분별 깔때기, 단순 증류 장치(100 ℃ 이하), 감압 증류 장치, 물중탕

시약 아세토펜온 15 g, 금속 소듐 15 g, 무수 에탄올, 에터, CO_2(g), 무수 탄산 소듐

1) 15 g의 아세토펜온과 150 ml의 무수 에탄올을 건조된 500 ml의 둥근 바닥 플라스크에 넣고 용해한다. 물중탕으로 온도를 올려주면서 15 g의 금속 소듐을 더하고 완전히 용해한다.

(유동 파라핀 안에 보관된 금속 소듐을 핀셋으로 꺼내고 표면의 파라핀을 닦아내고 스테인리스 칼로 빠르게 잘라서 사용한다. 쓰고 남은 것은 원래 상태로 보관한다.)

2) 이산화탄소 기체를 충분히 흡수시킨 뒤 물중탕으로 가열하면서 단순 증류한다. 에탄올 유출액은 폐액통에 버리고 반응 용액은 분별 깔때기에 옮긴다. 에터를 첨가하고 추출 분리한다.

3) 아래층의 물은 버리고 상층의 에터를 200 ml 삼각 플라스크에 옮기고 무수 탄산 소듐을 넣고 건조한다. 여과하고 여과액은 가지 달린 플라스크에 옮긴다. 물중탕으로 가열하면서 단순 증류한다.

4) 유출액인 에터는 폐액 통에 버리고 플라스크 안의 물질을 클라이젠 플라스크로 옮긴 후 감압 증류한다.

5) 1 – 페닐 에탄올인 97–103 ℃(15 mmHg)의 유출액을 모은다.

실험보고서

제목 :

실험 연월일 :

제출 연월일 :

성명 :

학번 :

실험조 :

공동 실험자 이름 :

실험 개요 :

실험 방법 :
(시약, 기구, 장치 및 조건)

실험 결과 및 고찰 :

기타(참고문헌) :

실험 15. 1-페닐 에탄올의 합성(환원 반응) II

1. 개요

카보닐 화합물인 아세토펜온을 금속 수소화물 시약인 수소화붕소 소듐($NaBH_4$)(혹은 수소화 알루미늄 리튬($LiAlH_4$))로 처리한 후 양성자 원으로 물을 가하면 2차 알코올로 환원시킨다. 이 환원 반응에서 금속 수소화물은 친핵체인 수소 음이온(H^-)을 제공한다. Al과 H 사이의 결합이 B와 H 사이의 결합보다 극성이 크기 때문에 $LiAlH_4$가 $NaBH_4$보다 더 강한 환원제이다.

acetophenone
mw 120.2
bp 200 ℃
mp 19.5-20 ℃
d 1.024

1-phenylethanol
mw 122.2
bp 204 ℃
mp 20 ℃
d 1.018

반응식

이 환원 반응은 친핵성 공격과 양성자 첨가 메커니즘으로 일어난다.

메커니즘

2. 방법

기구 삼각 플라스크(100 ml) 1, 분별 깔때기, 물중탕

시약 아세토펜온 2 g, 수소화붕소 소듐 0.6 g, 에탄올 28 ml, 에터 , 무수 황산 소듐

1) 2 g의 아세토펜온과 28 ml의 에탄올을 100 ml의 플라스크에 넣고 가열하면서 용해한다. 냉각시킨 후 0.6 g의 수소화붕소 소듐(흡습성이 강하고 피부에 닿으면 유독함)을 재빨리 달아서 더하고 상온에서 15

분 정도 교반한다.

2) 20 ml의 증류수를 첨가하고 가열하면서 남아 있는 수소화붕소 소듐을 분해시킨다. 30 ml의 다이에틸 에터를 첨가하고 두 번 추출 분리한다.

3) 추출한 다이에틸 에터 용액에 무수 황산 소듐을 넣고 건조한다. 여과하고 다이에틸 에터를 증발시켜 제거하면 생성물인 1 – 페닐 에탄올을 얻는다.

4) 생성물을 톨루엔으로 재결정하여 순수하게 얻고 녹는점을 측정한다.

실험보고서

제목 :

실험 연월일 :

제출 연월일 :

성명 :

학번 :

실험조 :

공동 실험자 이름 :

실험 개요 :

실험 방법 :
(시약, 기구, 장치 및 조건)

실험 결과 및 고찰 :

기타(참고문헌) :

실험 16. 스타이렌의 합성(탈수 반응)

1. 개요

2차 알코올인 1－페닐 에탄올을 탈수 반응시켜 스타이렌을 합성한다. 2차와 3차 알코올의 탈수 반응은 E2 메커니즘에 의해 반응해서 탄소 양이온을 형성한 후 이웃한 탄소로부터 양성자를 제거하여 새로운 π 결합을 형성한다.

1-phenylethanol
mw 122.2
bp 204 ℃
mp 20 ℃
d 1.018

styrene
mw 104.2
bp 145.8 ℃
mp −31 ℃
d 0.907

반응식

2. 방법

기구 삼각 플라스크(100 ml, 200 ml) 3, 분별 깔때기, 감압 증류 장치, 모래중탕, 단순 증류 장치

시약 1－페닐 에탄올 10 g, 무수 황산 수소 포타슘($KHSO_4$) 1 g, 하이드로퀴논, 염화칼슘

1) 10 g의 1－페닐 에탄올을 가지 달린 둥근 바닥 플라스크에 넣고 1 g의 무수 황산 수소 포타슘을 첨가한다. 그리고 소량의 하이드로퀴논을 증류 플라스크와 수집 용기에 넣고 증류 장치를 조립한다.
2) 모래중탕으로 가열하면서 증류한다. 150 ℃ 이하를 유지하면서 유출액을 받고 분별 깔때기에 옮긴다. 가만히 방치하여 층이 분리되도록 하고 아래층의 물은 버리고 상층의 스타이렌은 삼각 플라스크에 옮긴다.
3) 염화칼슘을 첨가하고 약 1시간 동안 방치하여 건조한다. 여과하고 클라이젠 플라스크에 옮긴 후 소량의 하이드로퀴논을 첨가하고 증류한다.
4) 65－75 ℃(56 mmHg)의 스타이렌 유출액을 받고 클라이젠 플라스크에 옮긴 후 소량의 하이드로퀴논을 첨가하고 증류한다.
5) 70 ℃(56 mmHg)의 스타이렌 유출액을 받는다.

실험보고서

제목 :

실험 연월일 :

제출 연월일 :

성명 :

학번 :

실험조 :

공동 실험자 이름 :

실험 개요 :

실험 방법 :
(시약, 기구, 장치 및 조건)

실험 결과 및 고찰 :

기타(참고문헌) :

실험 17. 폴리스타이렌의 합성(중합 반응) I

1. 개요

유기 과산화물(ROOR)의 약한 산소 – 산소 결합이 분해되어 만들어지는 과산화라디칼(RO•)을 개시제로 사용하여 스타이렌 단위체로부터 폴리스타이렌 중합체를 합성한다. 이 반응을 라디칼 중합 반응이라 한다. 본 실험에서는 과산화물로 과산화 벤조일(benzoyl peroxide)을 사용하여 중합 반응을 한다. 라디칼 중합 반응은 크게 세 부분인 개시, 전파 및 종결로 구성된다.

CH=CH$_2$ (styrene) —benzoyl peroxide→ [CH−CH$_2$]$_n$ (polystyrene)

styrene
mw 104.2
bp 145.8℃
mp −31℃
d 0.907

polystyrene

반응식

개시
C$_6$H$_5$−C(=O)−O−O−C(=O)−C$_6$H$_5$ → C$_6$H$_5$−C(=O)−O·

전파
C$_6$H$_5$−C(=O)−O· + CH(C$_6$H$_5$)=CH$_2$ → C$_6$H$_5$−C(=O)−O−CH(C$_6$H$_5$)−CH$_2$·

종결
C$_6$H$_5$−C(=O)−O−CH(C$_6$H$_5$)−CH$_2$· → [CH(C$_6$H$_5$)−CH$_2$]$_n$

메커니즘

2. 방법

기구 삼각 플라스크(300 ml) 1, 물중탕, 온도계

시약 스타이렌(단위체) 30 g, 과산화 벤조일(benzoyl peroxide) 1 g, 폴리비닐알코올, 메틸에틸케톤

1) 30 g의 스타이렌 단위체를 300 ml 삼각 플라스크에 넣고 1 g의 과산화 벤조일을 넣고 플라스크 입구를 황산지로 씌워서 끈으로 묶고 바늘로 작은 구멍들을 뚫는다.
2) 물중탕으로 70 ℃에서 2시간 동안 가열한다.(경화할 때 열이 발생하여 인화할 위험이 있으니 주의한다)
3) 생성된 반 중합체를 상온에 방치하여 냉각시킨 후 형틀에 붓는다. 7 % 폴리 비닐 알코올(PVA) 수용액으로 형들의 안쪽 면을 미리 바른 후 반중합체를 부으면 나중에 형틀로부터 잘 떨어진다.

사용한 유리 기구는 메틸에틸케톤으로 반중합체를 녹인 후 세제를 사용하여 세척한다.

7 % 폴리 비닐 알코올 수용액
7.5 g의 PVA를 100 ml의 증류수에 넣고 85－100 ℃에서 녹인 후 상온에서 폴리에틸렌 병에 보관한다.

4) 철망에 직접 올리는 것보다 밑에 석면을 깔고 120 ℃의 항온조에서 약 2시간 동안 가열한 후 상온에 방치하여 냉각한다. 폴리스타이렌 중합체를 형틀에서 끄집어낸다.

실험보고서

제목 :

실험 연월일 :

제출 연월일 :

성명 :

학번 :

실험조 :

공동 실험자 이름 :

실험 개요 :

실험 방법 :
(시약, 기구, 장치 및 조건)

실험 결과 및 고찰 :

기타(참고문헌) :

실험 18. 폴리스타이렌의 합성(중합 반응) II

1. 개요

본 실험에서는 potassium peroxodisulfate($K_2S_2O_8$)의 과산화물을 개시제로 사용하여 스타이렌 단위체로부터 둥근 모양의 폴리스타이렌 중합체 구를 합성한다. 이 반응은 라디칼 중합 반응이다.

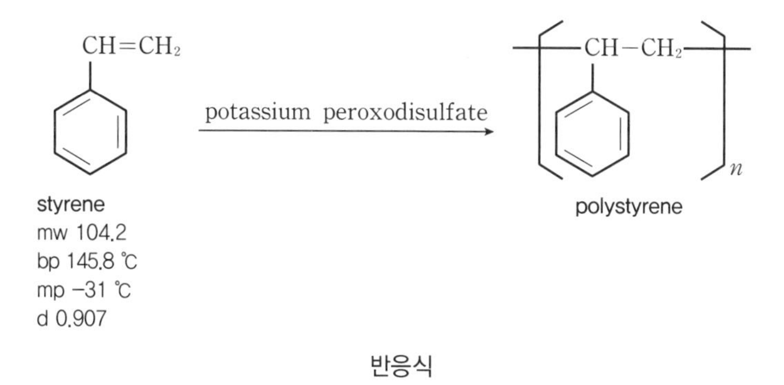

반응식

2. 방법

기구 삼각 플라스크(500 ml) 1, stirrer, 오븐, 회전증발기, 진공건조기

시약 스타이렌(단위체) 용액 5 ml, potassium peroxodisulfate($K_2S_2O_8$) 0.2 g, 메트아크릴산(methacrylic acid), 에탄올

1) 0.2 g의 potassium peroxodisulfate와 200 ml의 증류수를 500 ml 삼각 플라스크에 넣고 80 ℃, 300 rpm에서 녹인다. 5 ml의 스타이렌 용액과 0.2 ml의 메트아크릴산을 첨가하고 24시간 동안 80 ℃, 300 rpm에서 반응시킨다.
2) 에탄올을 첨가하고 회전증발기(rotary evaporator)로 용액을 기화시킨다. 침전물을 진공건조기에 넣고 60 ℃에서 12시간 건조시킨다.
3) 합성된 중합체 구의 지름을 FESEM(field emission scanning electronmicroscopy)을 이용하여 측정한다.

실험보고서

제목 :

실험 연월일 :

제출 연월일 :

성명 :

학번 :

실험조 :

공동 실험자 이름 :

실험 개요 :

실험 방법 :
(시약, 기구, 장치 및 조건)

실험 결과 및 고찰 :

기타(참고문헌) :

실험 19. Cinnamic acid의 합성(Perkin 반응)

1. 개요

방향족의 벤즈알데하이드에 아세트산 무수물과 그 산의 염을 가하고 가열하여 방향족의 α,β－불포화 카복실산인 cinnamic acid를 합성한다. 이 반응을 퍼킨 반응(Perkin reaction)이라 한다. 이 탈수 축합 반응은 충분히 건조한 시약과 기구를 사용해야 한다.

$$C_6H_5CHO + (CH_3CO)_2O \longrightarrow C_6H_5CH=CHCOOH$$

benzaldehyde	acetic anhydride	cinnamic acid
mw 106.1	mw 102.1	mw 148.2
bp 178 ℃	bp 140 ℃	bp 300 ℃
mp −26 ℃	mp −73 ℃	mp 135−136 ℃
d 1.050	d 1.087	d 1.248

반응식

2. 방법

기구 둥근 바닥 플라스크(500 ml) 1, 비커(200 ml, 300 ml) 3, 수증기 증류 장치, 보온 여과장치

시약 벤즈알데하이드 21 g, 무수 초산 30 g, 무수 초산 포타슘 12 g, 활성탄 4 g, 여과지

1) 21 g의 벤즈알데하이드를 둥근 바닥 플라스크에 넣고 30 g의 무수 초산과 12 g의 무수 초산 포타슘을 첨가하고 환류 냉각관의 끝에 수분 제거용의 염화칼슘관이 연결된 반응장치를 조립한다.
2) 175 ℃의 기름중탕에서 5시간 가열하고 100−200 ml의 뜨거운 물을 첨가한 후 뜨거운 상태에서 500 ml의 둥근 바닥 플라스크에 옮겨서 수증기 증류를 한다.(반응 플라스크 내부를 씻은 용액도 합한다)
3) 유출액이 투명해도 5분 정도 더 증류하고 유출액에서 벤즈알데하이드는 회수하고 나머지는 폐액 통에 버린다. 플라스크 내부의 잔류물이 용해될 때까지 뜨거운 물을 첨가한다.
4) 1000 ml의 비커에 옮기고 전체 부피가 800 ml가 될 때까지 뜨거운 물을 가한다. 3−4 g의 활성탄을 첨가하고 10분 정도 끓인다.
5) 주름 잡은 여과지로 보온 상태에서 여과하고 여과지 상의 활성탄은 폐액 통에 버리고 여과액은 상온에서 방치하여 냉각한다.
6) 감압 여과하고 여과액은 버리고 비늘 모양의 결정(cinnamic acid)은 여과지에 싸서 건조한다.

실험보고서

제목 :

실험 연월일 :

제출 연월일 :

성명 :

학번 :

실험조 :

공동 실험자 이름 :

실험 개요 :

실험 방법 :
(시약, 기구, 장치 및 조건)

실험 결과 및 고찰 :

기타(참고문헌) :

실험 20. 브로민화 뷰테인의 합성(브로민화 반응)

1. 개요

1 – Butanol이 진한 황산 조건에서 브로민화 소듐과 반응하면 S_N2 메커니즘에 의해 브로민화 뷰테인을 합성한다.

$$CH_3CH_2CH_2CH_2OH \longrightarrow CH_3CH_2CH_2CH_2Br$$

1–butanol	n–butyl bromide
mw 74.1	mw 137.0
bp 117.5 ℃	bp 101.3 ℃
mp –89.5 ℃	mp -112.4 ℃
d 0.810	d 1.283

반응식

브로민화 뷰테인 합성의 브로민화 반응은 실험 시간이 대략 2시간 정도 소요된다.

2. 방법

기구 중형 가지 달린 시험관 1, 소형 가지 달린 시험관 1, 작은 분별 깔때기 1, 스포이드 1, 작은 냉각기 1, 소형 시험관(수집기용) 3

시약 1 – 뷰탄올 2 ml, 브로민화 소듐 3 g, 진한 황산 2 ml, 탄산 소듐, 무수 염화칼슘

1) 2 ml의 1 – 뷰탄올을 가지 달린 플라스크에 넣고 3 g의 브로민화 소듐과 3 ml의 증류수를 가하고 용해한다. 2 ml의 진한 황산을 한 방울씩 더하고 소형 냉각기를 연결한다.

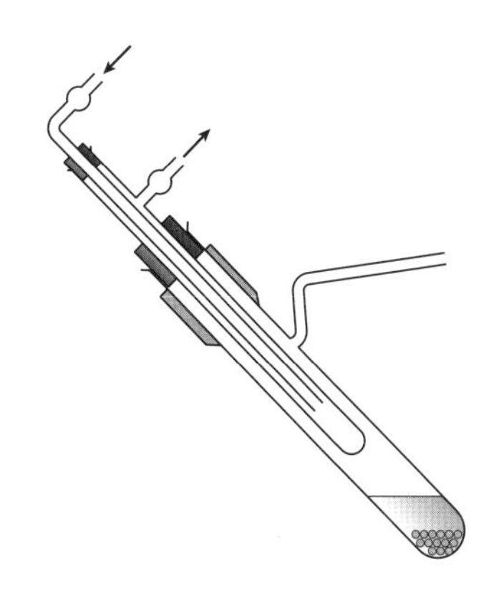

2) 20분 동안 가열 환류하고 냉각기를 떼고 마개로 막는다. 가진 달린 플라스크를 수직으로 세운 후 증류한다. 이때 분별 깔때기를 수집기로 사용한다.

3) 분별 깔때기의 유출액 가운데 상층 액을 스포이드로 제거한 뒤 0.5 ml의 진한 황산을 가하여 혼합한 후 방치하여 분리한다.

4) 아래층의 황산은 폐액 통에 버리고 상층 액에 소량의 Na_2CO_3 수용액을 더하고 혼합 후 방치하여 분리한다. 상층의 물을 스포이드로 제거한다. 소량의 증류수를 더하고 혼합 후 방치하여 분리한다. 상층의 물을 스포이드로 제거한다.

5) 염화칼슘($CaCl_2$)을 더하여 건조한 후 분리한다. 건조제는 폐액 통에 버리고 브로민화 뷰테인은 가지 달린 플라스크에 옮긴다.

6) 증류하여 유출액(b.p. 98－104 ℃)을 받으면 정제된 브로민화 뷰테인을 얻게 된다.

실험보고서

제목 :

실험 연월일 :

제출 연월일 :

성명 :

학번 :

실험조 :

공동 실험자 이름 :

실험 개요 :

실험 방법 :
(시약, 기구, 장치 및 조건)

실험 결과 및 고찰 :

기타(참고문헌) :

실험 21. 브로모벤젠의 합성(브로민화 반응)

1. 개요

벤젠을 철 촉매로 사용하여 브로민과 반응하면 브로모벤젠을 합성한다. 이 반응을 브로민화 반응(bromination)이라 하고 친전자성 치환반응의 예이다.

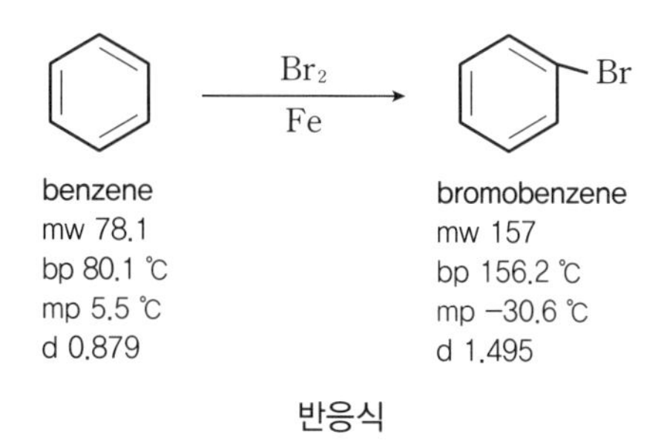

반응식

브로모벤젠 합성의 브로민화 반응은 실험 시간이 대략 2시간 정도 소요되며 수율은 80 % 정도이다.

2. 방법

기구 중형 가지 달린 시험관 2, 작은 분별 깔때기 2, 삼각 플라스크(50 ml) 3, 가지 달린 시험관(50 ml) 1, 스포이드 1, 리비히 냉각기 1, 소형 시험관(수집기용) 3, 얼음 중탕, 수증기 증류 장치

시약 벤젠 5 ml, 철 0.1 g, 브로민 3.5 ml, 무수 염화칼슘, 얼음

1) 6 ml의 벤젠을 가지 달린 시험관에 넣고 0.1 g의 철을 첨가하고 얼음 중탕으로 냉각한다.
2) 5 ml의 브로민을 분별 깔때기에 넣고 5 ml의 진한 황산을 가하고 잘 혼합한 후 방치한다. 상층 액은 폐액 통에 버리고 아래층의 브로민 용액 3.5 ml를 1)의 반응 용액에 한 방울씩 천천히 가한다.(첨가해서 나타나는 색이 흔들어서 없어지면 다시 첨가하도록 한다)
3) 3.5 ml의 브로민을 첨가한 후 잘 혼합해서 탈색되면 HBr이 발생할 때까지 약하게 가열한다.
4) 냉각시킨 후 2−3 ml의 증류수를 더하고 혼합한 후 방치한다. 스포이드를 사용해서 상층의 물을 제거한다. 다시 한 번 더 2−3 ml의 증류수를 더하고 혼합한 후 방치한다. 스포이드를 사용해서 상층의 물을 제거한다.
5) 가지 달린 플라스크에 옮긴 후 수증기 증류한다. 리비히 냉각기를 연결하고 수집기로 분별 깔때기를 이용한다.

6) 유출액을 모은 분별 깔때기를 방치하여 층 분리한다. 상층 액은 버리고 아래층의 브로민화 벤젠을 시험관에 옮긴다.

7) 소량의 무수 염화칼슘을 첨가하여 건조한 후 여과한다. 여과된 고체들은 버리고 브로모벤젠의 여과액을 가지 달린 플라스크에 옮긴다.

8) 증류하여 유출액(b.p. 150－157 ℃)을 받으면 정제된 브로모벤젠을 얻게 된다.

실험보고서

제목 :

실험 연월일 :

제출 연월일 :

성명 :

학번 :

실험조 :

공동 실험자 이름 :

실험 개요 :

실험 방법 :
(시약, 기구, 장치 및 조건)

실험 결과 및 고찰 :

기타(참고문헌) :

실험 22. 페닐 마그네슘 브로마이드의 합성 (Grignard 시약 합성)

1. 개요

유기 할로젠화 화합물인 브로모벤젠을 마그네슘 금속과 반응시켜 Grignard 시약인 페닐 마그네슘 브로마이드를 합성한다. Grignard 시약은 일반적으로 다이에틸 에터($CH_3CH_2OCH_2CH_3$)를 용매로 사용하여 제조된다. 두 분자의 다이에틸 에터의 각 산소 원자가 Grignard 시약의 Mg 원자와 착물을 형성하여 시약을 안정화하는 것으로 생각된다.

$$C_6H_5Br + Mg \xrightarrow{CH_3CH_2OCH_2CH_3} C_6H_5-Mg-Br$$

bromobenzene
mw 157.0
bp 156.2 ℃
mp −30.6 ℃
d 1.495

phenylmagnesium bromide
mw 181.0

반응식

$$\begin{array}{c} CH_3CH_2OCH_2CH_3 \\ \downarrow \\ R-Mg-Br \\ \uparrow \\ CH_3CH_2OCH_2CH_3 \end{array}$$

실험에 사용될 기구와 시약은 충분히 건조된 것을 사용하도록 한다.

2. 방법

기구 중형 가지 달린 시험관 1, 작은 냉각기 1, 비커(100 ml) 1, 염화칼슘관, 물중탕

시약 브로모벤젠 3 ml, 마그네슘 0.8 g, 에터, 아이오딘, 얼음

1) 에터로 처리한 작은 조각의 마그네슘 0.8 g을 가지 달린 시험관에 넣고 환류냉각기와 연결한다. 약하게 가열하여 습기를 제거하고 공기 중에 방치하여 냉각시킨다.
2) 5 ml의 무수 에터를 가하고 3 ml의 건조된 브로모벤젠을 재빨리 첨가하면 기포가 발생하면서 반응이 시작한다.

3) 에테층이 흐려지면 5 ml의 에테를 첨가하고 환류냉각기에 냉각수를 통과시키면서 혼합한다. 반응이 격렬하면 얼음물로 냉각한다. 만약 에테층이 흐려지지 않으면 아이오딘(I_2)을 가하고 가열한다.

4) 용액이 갈색으로 바뀌면 물중탕으로 약 30분간 가열하여 마그네슘을 용해시키면 에테 용액의 페닐 마그네슘 브로마이드를 얻게 된다.

실험보고서

제목 :

실험 연월일 :

제출 연월일 :

성명 :

학번 :

실험조 :

공동 실험자 이름 :

실험 개요 :

실험 방법 :
(시약, 기구, 장치 및 조건)

실험 결과 및 고찰 :

기타(참고문헌) :

실험 23. 트라이페닐메탄올의 합성(Grignard 반응)

1. 개요

페닐 마그네슘 브로마이드(phenylmagnesium bromide)와 ethyl benzoate를 반응시켜서 3차 알코올인 triphenylmethanol을 합성한다.

MgBr

C — OH

phenylmagnesium bromide
mw 181.0

triphenylmethanol
mw 260
bp 380 ℃
mp 162–164 ℃
d 1.188

반응식

Grignard 반응에서는 잘 건조된 시약과 기구를 사용해야 한다.

2. 방법

기구 비커(100 ml) 1, 삼각 플라스크(50 ml) 3, 감압여과장치, 작은 분별 깔때기 1, 물중탕

시약 페닐 마그네슘 브로마이드(새로 합성한 것), ethyl benzoate 1.5 ml, 무수 에테르, 석유 벤젠, 10 % 황산, 무수 황산 소듐, NaCl, 얼음

1) 앞 실험에서 합성한 페닐 마그네슘 브로마이드의 에테르 용액을 가지 달린 플라스크에 옮긴다. 1.5 ml의 ethyl benzoate를 분별 깔때기에 넣고 가지 달린 플라스크에 연결한다.
2) 섞어주면서 ethyl benzoate를 천천히 첨가한다. 반응이 격렬하게 일어나면 물로 냉각시킨다. 다 첨가한 후 분별 깔때기를 제거하고 냉각기를 설치하고 물중탕으로 온도를 높여준다.
3) 냉각시킨 후 얼음과 황산이 들어있는 비커에 한 번에 붓는다. 10 % 황산으로 가지 달린 플라스크를 씻고 용액을 비커에 합한다.

4) 잘 혼합한 후 10 ml의 무수 에터를 넣고 분별 깔때기에 옮긴다. 잘 혼합한 후 방치하여 층 분리한다. 아래층의 물은 폐액 통에 버리고 상층의 에터에 10 % 황산을 더하고 잘 혼합한 후 방치하여 층 분리한다.
5) 아래층은 폐액 통에 버리고 상층의 에터에 포화 NaCl 수용액을 더하고 잘 혼합한 후 방치하여 층 분리한다. 아래층은 폐액 통에 버리고 상층을 삼각 플라스크에 옮긴다.
6) 무수 Na_2SO_4으로 건조한다. 여과하여 여과지 상의 고체는 버리고 여과액은 삼각 플라스크에 모은다. 아스피레이터에 연결하여 물중탕으로 가열하여 에터를 제거한다.
7) 소량의 석유 벤젠을 첨가하고 물중탕으로 가열하여 용해한다.(화기 엄금) 주름 잡은 여과지로 재빨리 여과하고 여과지 상의 고체는 버리고 여과액은 냉각한다.
8) 석출된 결정을 감압 여과하여 여과액은 폐액 통에 버리고 얻은 고체 결정이 triphenylmethanol이다.

실험보고서

제목 :

실험 연월일 :

제출 연월일 :

성명 :

학번 :

실험조 :

공동 실험자 이름 :

실험 개요 :

실험 방법 :
(시약, 기구, 장치 및 조건)

실험 결과 및 고찰 :

기타(참고문헌) :

실험 24. Benzoic acid의 합성(산화 반응)

1. 개요

벤질 자리에 C−H 결합을 하나라도 갖는 화합물은 $KMnO_4$에 의해 산화 반응을 일으켜 카복실기(COOH)가 벤젠 고리에 직접 연결된 벤조산이 된다. 본 실험에서는 톨루엔을 과망간산 포타슘과 반응시켜서 벤조산을 합성한다.

$KMnO_4$

toluene
mw 92.14
bp 110.8 ℃
mp −95 ℃
d 0.872

benzoic acid
mw 122.1
bp 250 ℃
mp 122 ℃
d 1.266

반응식

Benzoic acid 합성의 산화 반응은 실험 시간이 대략 6시간 정도 소요되며 수율은 85 % 정도이다.

2. 방법

기구 둥근 바닥 플라스크(100 ml) 1, 삼각 플라스크(50 ml) 3, 감압여과장치,
공기 냉각기(0.5 mm Φ, 50 cm 유리관) 1, 증발접시(7−10 cm Φ) 1, 물중탕

시약 톨루엔 1.3 ml, 과망간산 포타슘 3.5 g, 염산, 아황산 수소 소듐

1) 3.5 g의 과망간산 포타슘을 플라스크에 넣고 75 ml의 증류수를 첨가하고 가열하면서 녹인다. 1.3 ml의 톨루엔을 더하고 공기 냉각기를 연결한 후 때때로 흔들어 주면서 약 5시간 동안 물중탕 가열한다.(이산화 망간이 석출됨)
2) 감압 여과하여 여과지 상의 고체는 버리고 여과액이 자색이면 소량의 $NaHSO_4$를 첨가하여 탈색한다. 여과액이 색을 띠지 않으면 증발접시에 옮기고 액체가 10 ml 정도 될 때까지 가열하여 농축한 후 상온에 방치하여 냉각한다.
3) 감압 여과하여 여과지 상의 고체는 버리고 여과액은 10 ml 정도 될 때까지 가열하여 농축한다. 염산을 한 방울씩 가하여 결정을 석출한다.

4) 감압 여과하여 여과액은 폐액 통에 버리고 여과된 결정에 소량의 냉수를 더하고 감압 여과한다.
5) 여과액은 버리고 여과된 결정은 삼각 플라스크에 넣고 2 ml의 증류수를 더하고 가열하여 녹인다. 뜨거울 때 재빨리 감압 여과하고 여과지 상의 고체는 버리고 여과액은 냉각시켜 결정을 석출시킨다.
6) 감압 여과해서 여과액은 버리고 결정에 소량의 냉수를 더하고 감압 여과한다. 여과액은 버리고 걸러진 벤조산의 결정을 얻는다.

실험보고서

제목 :

실험 연월일 :

제출 연월일 :

성명 :

학번 :

실험조 :

공동 실험자 이름 :

실험 개요 :

실험 방법 :
(시약, 기구, 장치 및 조건)

실험 결과 및 고찰 :

기타(참고문헌) :

실험 25. Ethyl benzoate의 합성(Fischer 에스터화 반응)

1. 개요

카복실산을 산 촉매 하에서 알코올과 반응시키면 에스터가 만들어진다. 이 반응을 Fischer 에스터화 반응(Fischer esterification)이라 한다. 이 반응은 평형 반응이므로 반응물인 알코올을 과량으로 사용하거나 생성물인 물을 제거함으로써 평형을 정반응의 오른쪽으로 이동시킬 수 있다. 이 반응은 친핵성 아실 치환반응으로서 두 단계인 친핵체의 첨가와 이탈기의 제거 단계로 진행된다. 산소 원자에 양성자가 첨가됨으로써 반응이 진행된다.

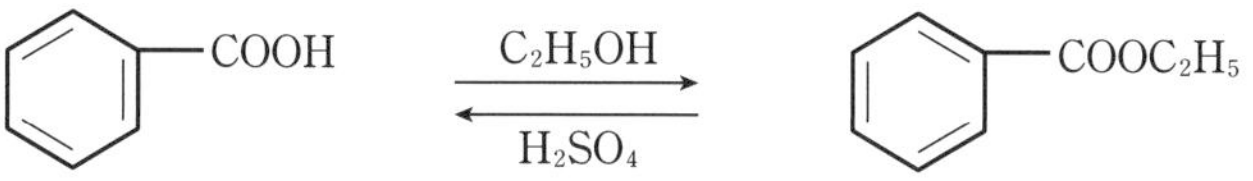

$$C_6H_5COOH \underset{H_2SO_4}{\overset{C_2H_5OH}{\rightleftharpoons}} C_6H_5COOC_2H_5$$

benzoic acid
mw 122.1
bp 250℃
mp 122℃
d 1.266

ethyl benzoate
mw 150.18
bp 212℃
mp −34.2℃
d 1.05

반응식

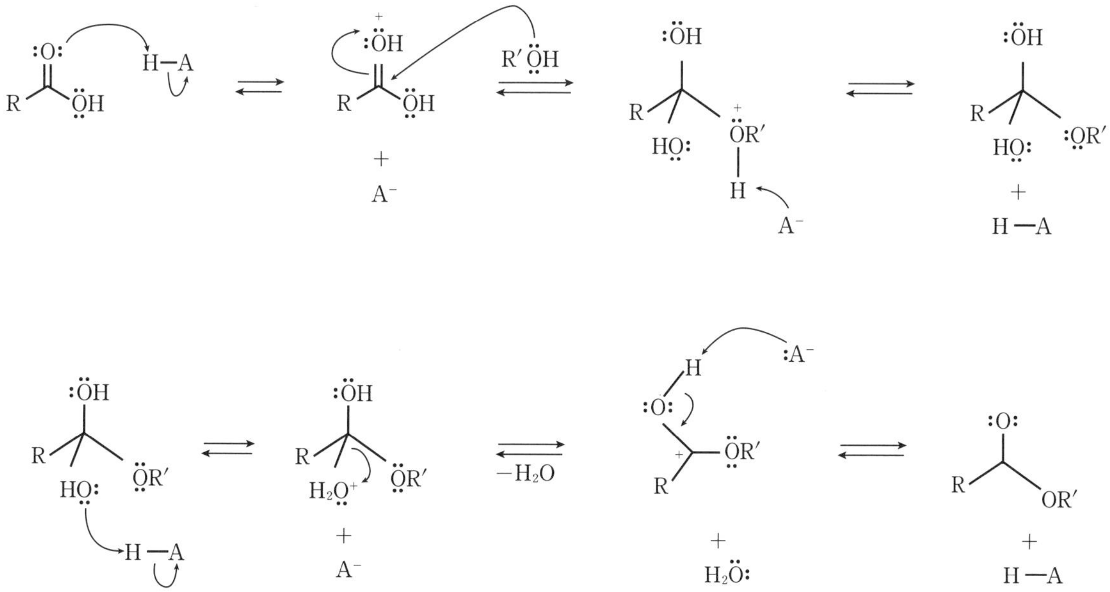

메커니즘

Ethyl benzoate 합성의 Fischer 에스터화 반응은 실험 시간이 대략 2시간 정도 소요되며 수율은 90 % 정도이다.

2. 방법

기구 중형 시험관 2, 소형 냉각기 1, 소형 가지 달린 시험관 1, 온도계(250−300 ℃) 1, 소형 시험관 2−3, 소형 분별 깔때기 1, 스포이드 1, 염화칼슘관 1

시약 벤조산 1 g, 무수 에탄올 3 ml, 진한 황산, 에터, 탄산 소듐(Na_2CO_3), 무수 염화칼슘($CaCl_2$)

1) 1 g의 벤조산을 시험관에 넣고 3 ml의 무수 에탄올, 2−3 방울의 진한 황산과 비등석을 첨가하고 냉각기를 연결하고 1시간 동안 가열 환류한다.
2) 냉각시킨 후 냉각기를 떼어내고 물중탕으로 온도를 올리면서 에탄올을 증발시킨다. 3 ml의 증류수를 첨가하고 분별 깔때기로 옮긴다. 2 ml의 증류수로 시험관 내부를 씻은 후 분별 깔때기에 합친다.
3) 소량의 탄산 소듐과 3−5 ml의 에터를 넣고 혼합한 후 방치하여 분리한다.
4) 아래층 물이 알칼리성이 아니면 소량의 탄산 소듐과 3−5 ml의 에터를 더 첨가하고 혼합한 후 방치하여 분리한다.
5) 아래층 물이 알칼리성이면 폐액 통에 버리고 상층의 에터를 시험관에 옮기고 무수 염화칼슘을 더하여 건조한다.
6) 여과 분리하여 여과지 상의 고체는 버리고 여과액은 가지 달린 시험관에 옮겨서 증류한다. 에터는 유출 제거하고 ethyl benzoate의 유출액(bp 208−212 ℃)을 회수한다.

실험보고서

제목 :

실험 연월일 :

제출 연월일 :

성명 :

학번 :

실험조 :

공동 실험자 이름 :

실험 개요 :

실험 방법 :
(시약, 기구, 장치 및 조건)

실험 결과 및 고찰 :

기타(참고문헌) :

실험 26. Cyclohexanoneoxime의 합성

1. 개요

알데하이드나 케톤은 산성 조건에서 1차 아민과 반응시키면 이민(imine)을 생성한다. 1차 아민이 카보닐의 탄소를 친핵성 공격을 하여 불안정한 카비놀아민을 만들고 물이 제거되면서 이민이 형성된다. 이민은 약산에서 가수분해하여 다시 카보닐 화합물로 되돌아갈 수 있지만 하이드록실아민으로 만들어진 이민은 산에 안정하다. 본 실험에서는 cyclohexanone을 하이드록실아민과 반응시켜 cyclohexanoneoxime을 합성한다.

$$\text{cyclohexanone} \underset{}{\overset{NH_2OH}{\rightleftharpoons}} \text{cyclohexanoneoxime}$$

cyclohexanone	cyclohexanoneoxime
mw 98.2	mw 113.2
bp 156.5 ℃	bp 103–105(12 mmHg)
mp −32 ℃	mp 89 ℃
d 0.947	

반응식

카비놀 아민

공명 안정화된
이미늄 이온

메커니즘

2. 방법

기구 중형 시험관 1, 클라이젠 플라스크 1, 온도계(200 ℃) 1, 소형 시험관(수집기용) 3, 스포이드 1, 어댑터 1, 물중탕

시약 cyclohexanone 2 ml, 하이드록실아민 · 염산 1.7 g, 무수 탄산 소듐(Na_2CO_3)

1) 1.7 g의 하이드록실아민 · 염산과 4 ml의 증류수를 시험관에 넣고 녹인다. 2 ml의 cyclohexanone을 첨가하면서 혼합한다.
2) 1.4 g의 탄산 소듐과 4 ml의 증류수를 시험관에 넣고 녹인다. 이 용액을 1)의 반응 용액에 첨가하고 잘 섞는다. 옥심 결정이 석출되면 물중탕으로 온도를 올리면서 용융한다.
3) 흐르는 물로 냉각하고 고화시킨다. 스포이드로 물을 제거하고 1.5 ml의 증류수를 더하고 물중탕으로 온도를 올리면서 용융한다. 흐르는 물로 냉각하고 고화시킨다.
4) 소량의 증류수를 더하고 여과한다. 여과액은 버리고 결정을 클라이젠 플라스크에 옮기고 감압 증류한다. cyclohexanoneoxime의 유출액(bp 100－105 ℃/12 mmHg)을 얻는다.

실험보고서

제목 :

실험 연월일 :

제출 연월일 :

성명 :

학번 :

실험조 :

공동 실험자 이름 :

실험 개요 :

실험 방법 :
(시약, 기구, 장치 및 조건)

실험 결과 및 고찰 :

기타(참고문헌) :

실험 27. ε-caprolactam의 합성(Beckmann 자리옮김 반응)

1. 개요

cyclohexanoneoxime을 산을 촉매로 사용하여 고리 원자가 하나 더 증가한 ε-caprolactam을 합성한다. 이 반응을 Beckmann 자리옮김 반응(Beckmann rearragement)이라 한다. ε-Caprolactam은 나일론6 제조 원료로 사용된다.

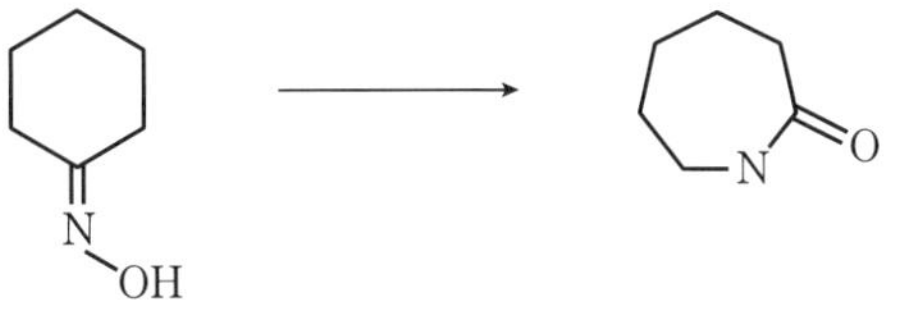
N
OH
N
O

cyclohexanoneoxime
mw 113.2
bp 103–105 ℃(12 mmHg)
mp 89 ℃

ε-caprolactam
mw 113.2
bp 122–124 ℃(15 mmHg)
mp 66–68 ℃

반응식

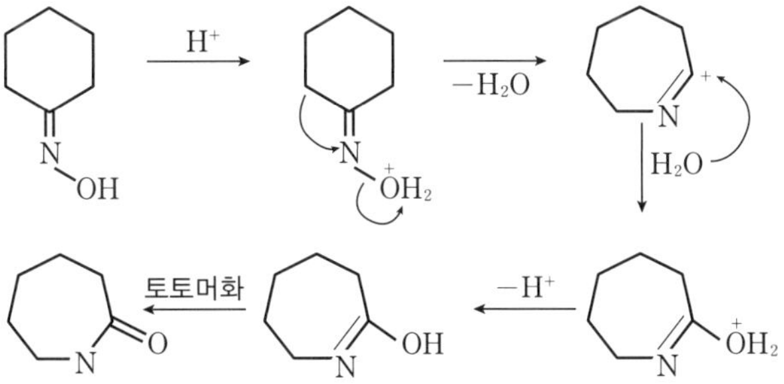
H+
−H2O
H2O
−H+
토토머화
N
OH
OH2
O
OH

메커니즘

2. 방법

기구 중형 시험관 1, 소형 클라이젠 플라스크 1, 소형 분별 깔때기 2, 온도계(200 ℃) 1, 소형 시험관 3, 어댑터 1, 기름중탕

시약 cyclohexanoneoxime 2.5 g, 진한 황산 4 ml, 암모니아수(비중 0.8)

1) 4 ml의 진한 황산을 시험관에 넣고 기름중탕으로 90–95 ℃에서 가열한다. 가열하면서 2.5 g의 cyclohexanoneoxime을 30분 걸쳐서 천천히 가한다.(격렬하게 반응하므로 주의한다) 기름중탕으로

100 ℃에서 1시간 가열한다.

2) 냉각시킨 후 암모니아수를 조금씩 가하면서 중화시키고 분별 깔때기로 옮긴다. 잘 혼합한 후 방치하여 분리한다.

3) 아래층의 물을 다른 분별 깔때기에 옮기고 3 ml의 클로로포름을 넣고 잘 혼합한 후 방치하여 분리한다. 아래층의 물은 버리고 상층의 클로로포름을 2)의 상층과 합한다.

4) 1 ml의 증류수를 더하고 잘 혼합한 후 방치하여 분리한다. 아래층의 물은 버리고 상층을 클라이젠 플라스크에 옮겨서 단순 증류하여 클로로포름을 제거한다.

5) 남은 용액을 감압 증류하여 ε－caprolactam의 유출액(bp 120－124 ℃/15 mmHg)을 얻는다.

실험보고서

제목 :

실험 연월일 :

제출 연월일 :

성명 :

학번 :

실험조 :

공동 실험자 이름 :

실험 개요 :

실험 방법 :
(시약, 기구, 장치 및 조건)

실험 결과 및 고찰 :

기타(참고문헌) :

저자 소개

조봉래

서울대학교 자연과학대학 화학과 이학사
서울대학교 대학원 화학과 이학석사
서울대학교 대학원 화학과 이학박사
미국 미주리(콜롬비아)대학교 생화학과 박사후연구원
미국 인디아나(블루밍턴)대학교 화학과 객원연구원
현재 청주대학교 응용화학과 교수

유기화학 실험

2021년 1월 4일 초판 인쇄
2021년 1월 11일 초판 발행

지은이 조봉래
펴낸이 류원식
펴낸곳 **교문사**
편집팀장 모은영
디자인 신나리
본문편집 벽호미디어

주소 (10881) 경기도 파주시 문발로 116
전화 031-955-6111
팩스 031-955-0955
홈페이지 www.gyomoon.com
E-mail genie@gyomoon.com
등록번호 1960.10.28. 제406-2006-000035호
ISBN 978-89-363-2119-2(93530)
값 15,000원